DIANLI QIYE WEIXIAN HUAXUEPIN

ANQUAN PEIXUN JIAOCAI

电力企业危险化学品安全培训教材

盛于蓝　主编

中国电力出版社
CHINA ELECTRIC POWER PRESS

内 容 提 要

本教材以电力企业危险化学品生命周期为主线，以涉及的大宗危险化学品为重点，对各阶段、各环节安全管理做了较详细的介绍。

本教材共分十章。第一章主要介绍了《危险化学品目录》（2015 版）的出台背景、过程及原则，与《危险化学品名录》（2002 版）进行了对比。第二章对危险化学品相关法规标准做了解读。第三～八章分别对危险化学品装置安全设计、供应安全、储存安全、操作使用安全、检修安全、废弃处理的重点要求做了详细介绍。第九章介绍了危险化学品公示。第十章介绍了相关事故案例。附录主要提供了电力企业常见危险化学品识别清单、《易制爆危险化学品名录》（2017 版）、某发电企业需要取得危险化学品培训合格证岗位清单（部分）及培训要求、常用化学品储存禁忌配存表和火电企业氨区安全风险隐患排查表。

本教材适用于电力企业危险化学品相关岗位人员培训使用，也可用于管理人员全面了解和掌握电力企业危险化学品管理的要求和重点。对其他非危险化学品行业也有借鉴作用。

图书在版编目（CIP）数据

电力企业危险化学品安全培训教材/盛于蓝主编.—北京：中国电力出版社，2021.2
ISBN 978 - 7 - 5198 - 5379 - 2

Ⅰ.①电… Ⅱ.①盛… Ⅲ.①电力工业－工业企业－化学品－危险物品管理－安全培训－教材
Ⅳ.①TM08②TQ086.5

中国版本图书馆 CIP 数据核字（2021）第 031531 号

出版发行：中国电力出版社
地　　址：北京市东城区北京站西街 19 号（邮政编码 100005）
网　　址：http：//www.cepp.sgcc.com.cn
责任编辑：宋红梅（010 - 63412383）董艳荣
责任校对：黄　蓓　于　维
装帧设计：赵丽媛
责任印制：吴　迪

印　　刷：三河市万龙印装有限公司
版　　次：2021 年 2 月第一版
印　　次：2021 年 2 月北京第一次印刷
开　　本：787 毫米×1092 毫米　16 开本
印　　张：13
字　　数：306 千字
印　　数：0001－2000 册
定　　价：58.00 元

本书编委会

主　　编　盛于蓝

副 主 编　夏春江　王　钢　郑光明

参编人员　王兴飞　牟雪蕾　李　岩　吴　鹏

　　　　　郭孝成　张嘉澍　徐冬仓　甄志强

　　　　　盛日月　盛　莉

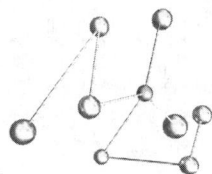

前　言

　　危险化学品一般具有易燃易爆、有毒有害等特点，是安全生产的重点，也是难点。特别在电力等非化工行业，明确使用的法律法规不多，大部分是参照执行，尺度很难把握，有必要结合安全管理实际，从强制性和必要性两个方面综合分析，给读者以明确的指导。

　　"工欲善其事，必先利其器"，要抓好电力企业危险化学品安全管理，首要工作就是对危险化学品相关岗位人员进行培训，培训的基础是有一套适用的教材，用以指导哪些岗位人员要进行培训、培训哪些内容、不同岗位有哪些安全要求等。

　　本教材主编长期从事企业危险化学品安全生产管理，先后从事化工企业危险化学品安全管理，电力系统化工企业安全管理，电力安全生产管理和电力企业危险化学品安全管理工作，并主要负责电力企业危险化学品综合治理三年行动工作，对电力企业危险化学品安全管理现状、存在的问题和短板非常了解，也曾经困惑于无法确定危险化学品安全相关法律规定、标准规范对电力企业的适用性，无法确定电力企业危险化学品培训应涵盖的岗位及培训内容的深度等问题，深感编写一本专门针对电力企业危险化学品安全培训教材的迫切性，于是邀请几位电力行业和化工行业危化品安全管理方面的专家，共同编写了这本教材。

　　本教材编者在教材编写内容的选择上坚持两个原则：一是体现危化品安全工作的依法合规要求，二是体现防控安全风险的必要措施。对危险化学品安全管理相关法律法规、标准规范进行梳理，与政府相关部门进行咨询，识别出适用于电力企业的内容，并结合工作实践，总结了危化品安全管理工作的经验。

　　本教材在结构设计上，坚持方便不同读者群的原则。为方便不同岗位人员使用，按照危险化学品设计、供应、储存、操作、废弃处理的顺序编排。在危险化学品操作过程中，避免不了会有检修作业，检修过程是危险化学品事故多发环节，检修作业有自身安全要求，因此单独一章讲述。

本教材的宗旨是让使用者知其然并知其所以然。在知道怎样做能保证安全的基础上，还要知道哪些是法律法规的强制性要求，哪些是列入标准规范的成熟经验，哪些是工作经验体会。对个别不容易理解的内容和要求，本教材以知识拓展的形式进行解释和补充。

本教材适用于电力企业危险化学品相关岗位人员培训使用，也可供管理人员全面了解和掌握电力企业危险化学品管理的要求和重点。对于书中的疏漏之处，还请读者不吝指正。

编　者
2021 年 1 月

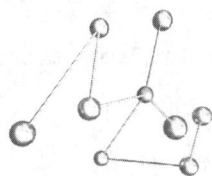

目 录

第一章

概　　述

2016 年，国务院办公厅印发了《危险化学品安全综合治理方案》。按照方案要求，在全国各行各业，从 10 个方面，通过 40 项具体工作，强化危险化学品安全治理。

随着危险化学品安全综合治理工作实施，全国安全生产形势总体好转。但危险化学品事故仍然时有发生，重大事故没有得到有效遏制。特别是，张家口盛华化工"11·28"重大爆燃事故、江苏响水天嘉宜化工有限公司"3·21"特别重大爆炸事故、河南义马气化厂爆炸事故等的发生，引起社会广泛关注，不断为我们敲响警钟。

鉴于此，2019 年，国家应急管理部、人力资源和社会保障部、教育部、财政部、国家煤矿安全监察局联合下发了《关于高危行业领域安全技能提升行动计划的实施意见》（应急〔2019〕107 号）。明确在全国范围内开展安全技能提升行动，有计划开展安全培训，至2021 年底，重点在化工危险化学品、煤矿、非煤矿山、金属冶炼、烟花爆竹等高危行业企业实施安全技能提升行动计划，推动从业人员安全技能水平大幅度提升。

2020 年 2 月，中共中央办公厅、国务院办公厅印发了《关于全面加强危险化学品安全生产工作的意见》，从 5 个方面提出 16 项工作，要求各地区各部门结合实际认真贯彻落实，有力防范化解系统性安全风险，坚决遏制重特大事故发生，有效维护人民群众生命财产安全。

国务院安全生产委员会印发了《全国安全生产专项整治三年行动计划》，计划时间从2020 年 4 月到 2022 年 12 月分四个阶段。《危险化学品安全专项整治三年行动实施方案》是其中的一个专项方案。

危险化学品安全如此重要，要抓好危险化学品安全工作，首先要弄清楚哪些是危险化学品。

据美国化学文摘登录，全世界已有的化学品多达 700 万种，其中已作为商品上市的有10 万多种，经常使用的有 7 万多种，其中属于危险化学品的约 3000 种。每年全世界新出现化学品有 1000 多种。电力企业接触到危险化学品有百余种，常用的有几十种（见附录 A）。

危险化学品的界定严格执行《危险化学品目录》（2015 版）[以下简称《目录》（2015版）]。《目录》（2015 版）由原国家安全监管总局会同国务院工业和信息化、公安、环境保护、卫生、质量监督检验检疫、交通运输、铁路、民用航空、农业主管部门制定，2015 年5 月 1 日起实施，由原国家安全生产监督管理局印发的《危险化学品名录》（2002 版），[以下简称《名录》（2002 版）] 和原国家安全生产监督管理局等 8 部门联合印发的《剧毒化学品目录》（2002 版）（以下指的都是 2002 版）同时予以废止。

正确理解和使用《目录》（2015 版），是开展好危险化学品摸排的基础。了解《目录》（2015 版）出台背景、制定过程、制定原则，以及与《名录》（2002 版）的区别，对加深理解有很大的帮助。在此做详细介绍。

一、出台背景

2003 年 3 月，原国家安全监管局发布的《名录》（2002 版）包括危险化学品条目 3823 个。2003 年 6 月，原国家安全监管局会同公安、环境保护、卫生、质量监督检验检疫、铁路、交通和航空主管部门联合发布公告《剧毒化学品目录》（2002 版）包括剧毒化学品条目 335 个。

为与国际接轨，根据联合国《全球化学品统一分类和标签制度》（以下简称 GHS），我国制定了化学品危险性分类和标签规范系列标准，确立了化学品危险性 28 类的分类体系。但《名录》（2002 版）主要采用爆炸品、易燃液体等 8 类危险化学品的分类体系（见知识拓展 1-1），与现行化学品危险性 28 类的分类体系有巨大差异。现行《危险化学品安全管理条例》（国务院令第 591 号）调整了危险化学品的定义，规定"危险化学品是指具有毒害、腐蚀、爆炸、燃烧、助燃等性质，对人体、设施、环境具有危害的剧毒化学品和其他化学品"。同时，《剧毒化学品目录》（2002 版）列入的品种偏多，不符合剧毒化学品管理的实际情况，有必要进行调整。

📖 知识拓展 1-1

8 类危险化学品分类体系根深蒂固

对于目前在岗时间较长的职工，从学生时代开始，多少年来掌握的都是：危险化学品分为爆炸品，压缩气体和液化气体，易燃液体，易燃固体、自燃物品和遇湿易燃物品，氧化剂和有机过氧化物，毒害品和感染性物品，放射性物品，腐蚀品。

这一认识源于 GB 13690—1992《常用危险化学品的分类及标志》和 GB 6944—1986《危险货物分类和品名编号》两个国家标准，将危险化学品按其危险性划分为 8 类 24 项。

第 1 类　爆炸品

指在外界作用下（如受热、撞击等），能发生剧烈的化学反应，瞬时产生大量的气体和热量，使周围压力急骤上升，发生爆炸，对周围环境造成破坏的物品，也包括无整体爆炸危险，但具有燃烧、抛射及较小爆炸危险，或仅产生热、光、音响或烟雾等一种或几种作用的烟火物品。该类货物按危险性分为 5 项：

第 1 项　具有整体爆炸危险的物质和物品。

第 2 项　具有抛射危险，但无整体爆炸危险的物质和物品。

第 3 项　具有燃烧危险和较小爆炸或较小抛射危险，或两者兼有，但无整体爆炸危险的物质和物品。

第 4 项　无重大危险的爆炸物质和物品。

第 5 项　非常不敏感的爆炸物质。

第2类　压缩气体和液化气体

指压缩、液化或加压溶解的气体，并应符合下述两种情况之一者：

临界温度低于50℃或在50℃时，其蒸汽压力大于291kPa的压缩或液化气体。

温度在21.1℃时，气体的绝对压力大于275kPa，或在51.4℃时气体的绝对压力大于715kPa的压缩气体；或在37.8℃时，雷德蒸汽压大于274kPa的液化气体或加压溶解的气体。

该类货物分为3项：

第1项　易燃气体。

第2项　不燃气体。

第3项　有毒气体。

第3类　易燃液体

指易燃的液体、液体混合物或含固体物质的液体，但不包括由于其危险性列入其他类别的液体。其闭杯试验闪点等于或低于61℃，但不同运输方式可确定该运输方式适用的闪点不低于45℃。该类货物按闪点分为3项：

第1项　低闪点液体。指闭杯试验闪点低于−18℃的液体。

第2项　中闪点液体。指闭杯试验闪点在−18~23℃的液体。

第3项　高闪点液体。该项货物是指闭杯试验闪点在23~61℃的液体。

第4类　易燃固体、自燃物品和遇湿易燃物品

该类货物分为3项：

第1项　易燃固体。指燃点低，对热、撞击、摩擦敏感，易被外部火源点燃，燃烧迅速，并可能散发出有毒烟雾或有毒气体的固体，但不包括已列入爆炸品的物质。

第2项　自燃物品。指自燃点低，在空气中易于发生氧化反应，放出热量，而自行燃烧的物品。

第3项　遇湿易燃物品。指遇水或受潮时，发生剧烈化学反应，放出大量的易燃气体和热量的物品。有些不需明火，即能燃烧或爆炸。

第5类　氧化剂和有机过氧化物

该类货物分为两项：

第1项　氧化剂。指处于高氧化态，具有强氧化性，易分解并放出氧和热量的物质。包括含有过氧基的有机物，其本身不一定可燃，但能导致可燃物的燃烧，与松软的粉末状可燃物能组成爆炸性混合物，对热、震动或摩擦较敏感。

第2项　有机过氧化物。指分子组成中含有过氧基的有机物，其本身易燃易爆，极易分解，对热、震动或摩擦极为敏感。

第6类　毒害品和感染性物品

该类货物分为两项：

第1项 毒害品。指进入肌体后，累积达一定的量，能与体液和组织发生生物化学作用或生物物理学变化，扰乱或破坏肌体的正常生理功能，引起暂时性或持久性的病理状态，甚至危及生命的物品。经口摄取半数致死量：固体 LD_{50}（即 Lethal Dose，50%，半数致死量）$\leqslant$500mg/kg。

第2项 感染性物品。指含有致病的微生物，能引起病态，甚至死亡的物质。

第7类 放射性物品

指放射性比活度大于 7.4×104Bq/kg 的物品。

第8类 腐蚀品

指能灼伤人体组织并对金属等物品造成损坏的固体或液体。与皮肤接触在4h内出现可见坏死现象，或温度在55℃时，对20号钢的表面均匀年腐蚀率超过6.25mm/a的固体或液体。该类货物按化学性质分为3项：

第1项 酸性腐蚀品。

第2项 碱性腐蚀品。

第3项 其他腐蚀品。

第9类 其他

杂类危险物质及物品。指在运输过程中呈现的危险性质不包括在上述8类危险性中的物品。

第1项 磁性物品。指航空运输时，其包件表面任何一点距2.1m处的磁场强度 H $\geqslant$0.159A/m。

第2项 另行规定的物品。

GB 6944—2005《危险货物分类和品名编号》代替 GB 6944—1986《危险货物分类和品名编号》，GB 6944—2012《危险货物分类和品名编号》代替 GB 6944—2005《危险货物分类和品名编号》，其中对分类做了个别调整，调整为9大类20项。

2009 年，GB 13690—2009《化学品分类和危险性公示 通则》代替了 GB 13690—1992《常用危险化学品的分类及标志》，危险化学品分类改为28类。

二、 制定过程

2011 年7月21日，原国家安全监管总局组织召开首次《危险化学品目录》（以下简称《目录》）制修订工作会议，国家安全监管总局、工业和信息化部、公安部、环境保护部、交通运输部、铁道部、农业部、卫生部、质检总局、民航局10个领导小组成员单位的有关司局负责人和专家出席会议。会议讨论通过了《目录制修订办法》，成立了《目录》制修订工作领导小组和专家组，并在国家安全监管总局化学品登记中心设立《目录》制修订工作组，承担《目录》制修订的具体工作。

2013 年9月26日《目录（征求意见稿）》向社会公开征求意见。根据反馈意见反复研究、协商和修改完善，书面征求10部门意见后，于2015年2月27日联合公告《目录》（2015版）。

三、制定原则

《目录》（2015 版）的制定原则是与现行管理相衔接、平稳过渡，逐步与国际接轨。

根据化学品分类和标签系列国家标准，从化学品 28 类 95 个危险类别中，选取了其中危险性较大的 81 个类别作为危险化学品的确定原则（见表 1-1）。

表 1-1　　　　　　　　　　危险化学品的确定原则

危险和危害种类		类别						
物理危险	爆炸物	不稳定爆炸物	1.1	1.2	1.3	1.4	1.5	1.6
	易燃气体	1	2	A（化学不稳定性气体）	B（化学不稳定性气体）			
	气溶胶	1	2	3				
	氧化性气体	1						
	加压气体	压缩气体	液化气体	冷冻液化气体	溶解气体			
	易燃液体	1	2	3	4			
	易燃固体	1	2					
	自反应物质和混合物	A	B	C	D	E	F	G
	自热物质和混合物	1	2					
	自燃液体	1						
	自燃固体	1						
	遇水放出易燃气体的物质和混合物	1	2	3				
	金属腐蚀物	1						
	氧化性液体	1	2	3				
	氧化性固体	1	2	3				
	有机过氧化物	A	B	C	D	E	F	G
健康危害	急性毒性	1	2	3	4	5		
	皮肤腐蚀/刺激	1A	1B	1C	2	3		
	严重眼损伤/眼刺激	1	2A	2B				
	呼吸道或皮肤致敏	呼吸道致敏物 1A	呼吸道致敏物 1B	皮肤致敏物 1A	皮肤致敏物 1B			
	生殖细胞致突变性	1A	1B	2				
	致癌性	1A	1B	2				
	生殖毒性	1A	1B	2	附加类别（哺乳效应）			
	特异性靶器官毒性——一次接触	1	2	3				
	特异性靶器官毒性——反复接触	1	2					
	吸入危害	1	2					

续表

危险和危害种类		类别						
环境危害	危害水生环境	急性1	急性2	急性3	长期1	长期2	长期3	长期4
	危害臭氧层	1						

注 深色背景的是作为危险化学品的确定原则类别。

根据确定原则，对《名录》（2002版）和《剧毒化学品目录》（2002版）中的化学品条目逐一进行研究，除有充分理由不宜保留且通过专家论证、10部门同意的化学品外，其余化学品均纳入《目录》（2015版）。

根据联合国《危险货物运输建议书》《鹿特丹公约》（见知识拓展1-2）等国际公约，欧盟等有关化学品危险性分类目录，以及国内危险化学品管理的实际需要，提出新增化学品条目，经专家论证、10部门同意后纳入《目录》（2015版）。

📖 知识拓展1-2

《鹿特丹公约》

《鹿特丹公约》全称为《关于在国际贸易中对某些危险化学品和农药采取事先知情同意程序的鹿特丹公约》，其是联合国环境规划署和联合国粮食及农业组织在1998年9月10日在鹿特丹制定的，于2004年2月24日生效。《鹿特丹公约》是根据联合国《经修正的关于化学品国际贸易资料交流的伦敦准则》和《农药的销售与使用国际行为守则》以及《国际化学品贸易道德守则》中规定的原则制定的，其宗旨是保护包括消费者和工人健康在内的人类健康和环境免受国际贸易中某些危险化学品和农药的潜在有害影响。

《鹿特丹公约》由30条正文和5个附件组成。其核心是要求各缔约方对某些极危险的化学品和农药的进出口实行一套决策程序，即事先知情同意（PIC）程序。公约对"化学品""禁用化学品""严格限用的化学品""极为危险的农药制剂"等术语做了明确的定义。《鹿特丹公约》适用范围是禁用或严格限用的化学品、极为危险的农药制剂。《鹿特丹公约》公布了第一批极危险的化学品和农药清单（见表1-2）。其目标是通过便利就国际贸易中的某些危险化学品的特性进行资料交流、为此类化学品的进出口规定一套国家决策程序并将这些决定通知缔约方，以促进缔约方在此类化学品的国际贸易中分担责任和开展合作，保护人类健康和环境免受此类化学品可能造成的危害，并推动以无害环境的方式加以使用。

表1-2　　　　　　　　　适用事先知情同意程序的化学品

化学品	化学文摘号	类别
2，4，5-涕	93-76-5	农药
艾氏剂	309-00-2	农药
敌菌丹	2425-06-1	农药
氯丹	57-74-9	农药
杀虫脒	6164-98-3	农药

续表

化学品	化学文摘号	类别
乙酯杀螨醇	510 - 15 - 6	农药
滴滴涕	50 - 29 - 3	农药
狄氏剂	60 - 57 - 1	农药
地乐酚和地乐酚盐	88 - 85 - 7	农药
1，2 - 二溴乙烷（EDB）	106 - 93 - 4	农药
敌蚜胺	640 - 19 - 7	农药
六六六（混合异构体）	608 - 73 - 1	农药
七氯	76 - 44 - 8	农药
六氯苯	118 - 74 - 1	农药
林丹	58 - 89 - 9	农药
汞化合物，包括无机汞化合物，烷基汞化合物和烷氧烷基及芳基汞化合物		农药
五氯苯酚	87 - 86 - 5	农药
久效磷（有效成分含量超过 600g/L 的可溶性液剂）	6923 - 22 - 4	极为危险的农药制剂
甲胺磷（有效成分含量超过 1000g/L 的可溶性液剂）	10265 - 92 - 6	极为危险的农药制剂
磷胺（有效成分含量超过 1000g/L 的可溶性液剂）	13171 - 21 - 6 [混合物、(E) 和 (Z) 异构体]、23783 - 98 - 4 [(Z) - 异构体]、297 - 99 - 4 [(E) - 异构体]	极为危险的农药制剂
甲基对硫磷（有 19.5%、40%、50% 和 60% 活性成分的对硫磷甲基可乳化浓缩体的某些制剂和有 1.5%、2% 和 3% 活性成分的粉尘）	298 - 00 - 0	极为危险的农药制剂
对硫磷 [除悬浮剂（CS）以外的所有制剂 - 气溶胶、可粉化的粉剂（DP）、乳油（EC）、颗粒剂（GR）和可湿性粉剂（WP）均在此列]	56 - 38 - 2	极为危险的农药制剂
青石棉	12001 - 28 - 4	工业用
多溴联苯（PBB）	36355 - 01 - 8（六 -）27858 - 07 - 7（八 -）13654 - 09 - 6（十 -）	工业用
多氯联苯（PCB）	1336 - 36 - 3	工业用
多氯三联苯（PCT）	61788 - 33 - 8	工业用
三（2，3 - 二溴丙磷酸酯）磷酸盐	126 - 72 - 7	工业用

《鹿特丹公约》明确规定，进行危险化学品和化学农药国际贸易各方必须进行信息交换。进口国有权获得其他国家禁用或严格限用的化学品的有关资料，从而决定是否同意、限制或禁止某一化学品将来进口到本国，并将这一决定通知出口国。出口国将把进口国的决定通知本国出口部门并做出安排，确保本国出口部门货物的国际运输不在违反进口国决定的情况下进行。进口国的决定应适用于所有出口国。出口方需要通报进口方及其他成员其国内禁止或严格限制使用化学品的规定。发展中国家或转型国家需要通告其在处理严重危险化学品时面临的问题。计划出口在其领土上被禁止或严格限制使用的化学品的一方，在装运前需要通知进口方。出口方如出于特殊需要而出口危险化学品，应保证将最新的有关所出口化学品安全的数据发送给进口方。各方均应按照《鹿特丹公约》规定，对"事先知情同意（PIC）程序"中涵盖的化学品和在其领土上被禁止或严格限制使用的化学品加注明确的标签信息。各方开展技术援助和其他合作，促进相关国家加强执行《鹿特丹公约》的能力和基础设施建设。

四、《目录》（2015 版）与《名录》（2002 版）对比

（一）增加的危险化学品

（1）已列入《鹿特丹公约》和《斯德哥尔摩公约》中的化学品条目 40 个，例如短链氯化石蜡（C10−13）、多氯三联苯等。

（2）已列入《中国严格限制进出口的有毒化学品目录》和《危险化学品使用量的数量标准》（2013 版）中的化学品条目 29 个，例如硫化汞、三光气等。

（3）参照《联合国危险货物运输的建议书规章范本》和欧盟化学品等危险性分类目录，根据化学品的危险性及国内生产情况，增加化学品条目 123 个，例如二硫化钛、二氧化氮等。

（4）根据近年来发生的刑事案件（见知识拓展 1-3），为满足公共安全管理需要，经有关部门提出，并经过 10 部门同意增加氯化琥珀胆碱、氟乙酸甲酯。

（二）合并调整或者删除的化学品

（1）将《名录》（2002 版）中 10 个类属条目合并为 1 个类属条目，即将"含一级易燃溶剂的合成树脂（−18℃≤闪点＜23℃）""含二级易燃溶剂的合成树脂""含一级易燃溶剂的油漆、辅助材料及涂料""含二级易燃溶剂的油漆、辅助材料及涂料""含苯或甲苯的制品""含丙酮的制品""含乙醇或乙醚的制品""含一级易燃溶剂的胶黏剂（−18℃≤闪点＜23℃）""含一级易燃溶剂的其他制品""含二级易燃溶剂的其他制品"及其所含 288 个具体化学品条目合并为序号"2828"条目。只要符合条件的均属于危险化学品。

（2）将部分相同 CAS 号（见知识拓展 1-4）的条目合并为 1 个条目。

（3）删除了《名录》（2002 版）中的军事毒剂、物品等 10 个。例如，二（2-氯乙基）硫醚、铝导线焊接药包。

（4）其他删除的化学品条目情况。不符合危险化学品确定原则的、成分不明的，以及国内没有登记的农药等 400 多个化学品条目，例如火补胶、保米磷等。

知识拓展 1-3

影响《目录》(2015 版) 内容的几个刑事案例

案例一：夺命快递

"夺命快递"由武汉发往潍坊，在卸货中造成了化学品泄漏，有 8 人因此出现不同程度的中毒症状，其中东营大王镇居民刘某在收到网购的一双鞋子几小时后出现呕吐、腹痛等症状，因抢救无效死亡。此事缘于氟乙酸甲酯作为快件在投递中发生泄漏，污染了其他快件。

该事件先后导致 8 人中毒，1 人中毒死亡。

案例二：氯化琥珀胆碱中毒死亡

马某，男，汉族，58 岁，2009 年 9 月在其所住村庄发现有人用弩弓射杀偷鸡，马某发现后去制止过程中，被偷鸡人用弩弓射中面部，马某在追赶十多米后，倒地死亡。

该例死亡案件在初检时，对死者的体表损伤进行了全面检验，并且有详细的记载和拍照，但是对体表损伤的形态没有足够细致的分析，特别是左眶上缘的损伤，初检认为是一种表皮擦伤，没有引起足够的重视，复检时发现中毒症状。

尸体检验：尸斑暗红，唇颊黏膜紫绀，十指指甲紫绀，左眶上缘外侧检见一 0.4cm × 0.1cm 创口，创道深 1.4cm，自创口向左后上方进入皮下肌肉层，呈盲管创。

解剖检验：全身脏器肉眼没见出血及损伤改变，胸腹腔净，脊髓无损伤出血。

毒化检验：死者左眉弓破裂处皮肤、心血、尿液、部分肝组织、现场提取的塑料针管均检出氯化琥珀胆碱成分。

案例三：氯化琥珀胆碱飞镖致死

某年 8 月 31 日，有人报称其两人骑一辆摩托车，骑摩托车人赵某被他人用毒镖射中，赵某后在医院经抢救无效死亡。

现场发现一黑色弓弩及一只布包，布包内有保温杯一个，使用过的黑色尾翼飞镖一支，在保温杯内发现未使用的黑色尾翼飞镖 11 支。

尸体检验：死者衣着完整。尸斑暗紫红色，尸僵缓解。死者角膜透明，双侧瞳孔直径约 3cm，左上臂中段外侧见一 0.1cm 小孔状皮肤裂创，探之可至肌肉层，周围皮肤及皮下组织肿胀明显。切开死者头皮，后枕部可见头皮下出血，打开颅骨、分离颈部皮肤、切开气管、分离胸部皮肤、分离腹部皮肤肌肉等检查均未见异常。分离死者右肩背部及左上臂皮肤肌肉，可见皮下及肌肉层均有出血，左上臂外侧可见一斜向上创道 5cm，探针与背部夹角约为 30°。提取此上皮肤肌肉及心血送公安部物证鉴定中心行毒化检验。余未见明显外伤性改变。

毒化检验：死者心血、左上臂肌肉中均检出氯化琥珀胆碱。

知识拓展1-4

关于 CAS 登录号

CAS 登录号也称 CAS Registry Number 或称 CAS Number。是美国化学文摘服务社（Chemical Abstracts Service，CAS）为化学物质制订的登记号，该号是检索有多个名称的化学物质信息的重要工具，是某种物质［化合物、高分子材料、生物序列（Biological sequences）、混合物或合金］唯一的数字识别号码。

美国化学会的下设组织 CAS 负责为每一种出现在文献中的物质分配一个 CAS 号，其目的是为了避免化学物质有多种名称的麻烦，使数据库的检索更为方便。如今几乎所有的化学数据库都允许用 CAS 号检索。到 2005 年 12 月 25 日，CAS 已经登记了 27 115 156 种物质最新数据，并且还以每天 4000 余种的速度增加。

CAS 登录号格式：一个 CAS 号以连字符 "-" 分为三部分，第一部分有 2～6 位数字，第二部分有 2 位数字，第三部分有 1 位数字作为校验码。CAS 号以升序排列且没有任何内在含义。校验码的计算方法如下：CAS 顺序号（第一、二部分数字）的最后一位乘以 1，最后第二位乘以 2，依此类推，然后再把所有的乘积相加，再把和除以 10，其余数就是第三部分的校验码。举例来说，水（H_2O）的 CAS 号前两部分是 7732-18，则其校验码＝（$8 \times 1 + 1 \times 2 + 2 \times 3 + 3 \times 4 + 7 \times 5 + 7 \times 6$）mod 10＝105mod 10＝5（mod 是求余运算符）。

异构体、酶和混合物的 CAS 登录号：不同的同分异构体分子有不同的 CAS 号，比如右旋葡萄糖（D-glucose）的 CAS 号是 50-99-7，左旋葡萄糖（L-glucose）的 CAS 号是 921-60-8，α右旋葡萄糖（α-D-glucose）的 CAS 号是 26655-34-5。偶然也有一类分子用一个 CAS 号，比如一组乙醇脱氢酶（Alcohol dehydrogenase）的 CAS 号都是 9031-72-5。混合物如芥末油（mustard oil）的 CAS 号是 8007-40-7。

五、剧毒化学品变化情况

（一）定义

具有剧烈急性毒性危害的化学品，包括人工合成的化学品及其混合物和天然毒素，还包括具有急性毒性易造成公共安全危害的化学品。

定义中主要增加了 "具有急性毒性易造成公共安全危害的化学品"（如前述三个刑事案例）。对于某些不满足剧烈急性毒性判定界限，但是根据有关部门提出的易造成公共安全危害的，同时具有较高急性毒性（符合急性毒性，类别2）的化学品，经过 10 部门同意后纳入剧毒化学品管理。

（二）剧烈急性毒性判定界限

剧烈急性毒性判定界限：急性毒性类别 1，即满足下列条件之一：大鼠实验，经口 $LD_{50} \leqslant 5mg/kg$，经皮 $LD_{50} \leqslant 50mg/kg$，吸入（4h）$LC_{50} \leqslant 100mL/m^3$（气体）或 0.5mg/L（蒸气）或 0.05mg/L（尘、雾）。经皮 LD_{50} 的实验数据，也可使用兔实验数据。

判定界限与《剧毒化学品目录》（2002 版）对比发生了较大变化（见表 1-3）。普遍的界限值降低，标准提高，是源于社会治理能力提高。随着科技进步，人类对毒性物质的认识和自我防护不断提高，医疗救治技术更加有效。

表 1-3 剧烈毒性判定界限变化对比表

项目	《目录》（2015 版）	《剧毒化学品目录》（2002 版）
经口	$LD_{50} \leqslant 5mg/kg$	$LD_{50} \leqslant 50mg/kg$
经皮	$LD_{50} \leqslant 50mg/kg$	$LD_{50} \leqslant 200mg/kg$
吸入	（4h）$LC_{50} \leqslant 100mL/m^3$（气体）或 0.5mg/L（蒸气）或 0.05mg/L（尘、雾）	（4h）$LC_{50} \leqslant 500mL/m^3$（气体）或 2mg/L（蒸气）或 0.5mg/L（尘、雾）
对应的危险类别	急性毒性，类别 1	急性毒性，类别 1 和类别 2

（三）变化情况

《目录》（2015 版）含有剧毒化学品条目 148 种，比《剧毒化学品目录》（2002 版）减少了 187 种。

（1）《剧毒化学品目录》（2002 版）中的 140 种化学品继续作为剧毒化学品管理，有 160 种列入《目录》（2015 版），作为危险化学品管理，35 种未列入《目录》（2015 版）（其中农药 28 种、军事毒剂 7 种）。

（2）新增了 4 种剧毒化学品，分别是一氟乙酸对溴苯胺、2，3，4，7，8-五氯二苯并呋喃、2-硝基-4-甲氧基苯胺、氟乙酸甲酯。

（3）《名录》（2002 版）中 4 个化学品条目作为剧毒化学品管理，分别是氯化氰、三正丁胺、亚砷酸钙、1-（对氯苯基）-2，8，9-三氧-5-氮-1-硅双环（3，3，3）十二烷（毒鼠硅）。

六、其他有关事项说明

随着新化学品的不断出现，以及人们对化学品危险性认识的提高，按照《危险化学品安全管理条例》第三条的有关规定，10 部门适时对《目录》（2015 版）进行调整，不断补充和完善。未列入《目录》（2015 版）的化学品并不表明其不符合危险化学品确定原则。未列入《目录》（2015 版）但经鉴定分类属于危险化学品的，按照国家有关规定进行管理。

为了便于对危险化学品实行统一管理，由 10 部门共同研究制定，协商一致后确定。同时将《剧毒化学品目录》（2002 版）合并入《目录》（2015 版），确保了剧毒化学品与危险化学品之间管理的协调性。

我国对危险化学品的管理实行目录管理制度，列入《目录》（2015 版）的危险化学品将依据国家的有关法律法规采取行政许可等手段进行重点管理。对于混合物和未列入《目录》（2015 版）的危险化学品，为了全面掌握我国境内危险化学品的危险特性，我国实行危险化学品登记制度和鉴别分类制度，企业应该根据《化学品物理危险性鉴定与分类管理办法》（国家安全监管总局 60 号令）及其他相关规定进行鉴定分类，如果经鉴定分类属于危险化学品的，应该按照危险化学品相关要求进行管理。对于危险化学品生产企业或进口企业，应根据《危险化学品登记管理办法》（国家安全监管总局令第 53 号）进行危险化学品登记，从源头上全面掌握化学品的危险性，保证危险化学品的安全使用。通过目录管理与鉴别分类等管理方式的结合，形成对危险化学品安全管理的全覆盖。

第二章

危险化学品相关法规标准解读

第一节　危险化学品相关法规标准

一、法律

《中华人民共和国安全生产法》（2014 年 8 月 31 日修正）

《中华人民共和国劳动法》（2018 年 12 月 29 日第二次修正）

《中华人民共和国职业病防治法》（2018 年 12 月 29 日第四次修正）

《中华人民共和国劳动合同法》（2012 年 12 月 28 日修正）

《中华人民共和国消防法》（2009 年 5 月 1 日施行）

《中华人民共和国石油天然气管道保护法》（2010 年 10 月 1 日施行）

《中华人民共和国道路交通安全法》（2011 年 5 月 1 日施行）

《中华人民共和国突发事件应对法》（2007 年 11 月 1 日施行）

《中华人民共和国刑法》（2017 年 11 月 4 日修正）

《作业场所安全使用化学品公约》（第 170 号公约）

二、行政法规

《安全生产许可证条例》（2004 年 1 月 13 日公布，2014 年 7 月 29 日修订）

《特种设备安全监察条例》（2003 年 3 月 11 日公布，2009 年 1 月 24 日修订）

《道路运输条例》（2004 年 4 月 30 日公布，2012 年 11 月 9 日修正）

《危险化学品安全管理条例》（2002 年 1 月 26 日公布，2013 年 12 月 7 日修订）

《民用爆炸物品管理条例》（2006 年 9 月 1 日起施行，2014 年 7 月 9 日修订）

《铁路运输安全保护条例》（2005 年 4 月 1 日施行）

《城镇燃气管理条例》（2011 年 3 月 1 日起施行）

《使用有毒物品作业场所劳动保护条例》（2002 年 4 月 30 日起施行）

《特种设备安全监察条例》（2009 年 5 月 1 日起施行）

《民用爆炸物品安全管理条例》（2006 年 5 月 10 日公布，2014 年 7 月 29 日修订）

《对外承包工程管理条例》（2008 年 7 月 21 日公布，2008 年 9 月 1 日施行）

《电力安全事故应急处置和调查处理条例》（2011 年 9 月 1 日起施行）

《监控化学品管理条例》（2011 年 1 月 8 日修订）

三、 部门规章

《安全生产事故隐患排查治理暂行规定》（原国家安全监管总局令第 16 号）

《危险化学品重大危险源监督管理暂行规定》（原国家安全监管总局令第 40 号）

《危险化学品安全使用许可证管理办法》（原国家安全监管总局令第 57 号）

《危险化学品登记管理办法》（原国家安全监管总局令第 53 号）

《易制爆危险化学品治安管理办法》（中华人民共和国公安部令第 154 号）

四、 规范性文件

《国家安全监管总局关于进一步加强化学品罐区安全管理的通知》（安监总管三〔2014〕68 号）

《国家安全监管总局关于加强化工安全仪表系统管理的指导意见》（安监总管三〔2014〕116 号）

《国家安全监管总局关于公布首批重点监管的危险化学品名录的通知》（安监总管三〔2011〕95 号）

《国家安全监管总局关于公布第二批重点监管的危险化学品名录的通知》（安监总管三〔2013〕12 号）

《燃煤发电厂液氨罐区安全管理规定》（国能安全〔2014〕328 号）

《电力企业应急预案管理办法》（国能安全〔2014〕508 号）

《特别管控危险化学品目录》（第一版）（应急管理部、工业和信息化部、公安部、交通运输部公告〔2020〕第 3 号）

《压力容器安全技术监察规程》（质技监局锅发〔1999〕154 号）（其中有关固定式压力容器的规定，于 2009 年 12 月 1 日被《固定式压力容器安全技术监察规程》替代）。

五、 标准规范

（一）国家标准

GBZ 1《工业企业设计卫生标准》

GB 2894《安全标志及其使用导则》

GB 30000.2《化学品分类和标签规范　第 2 部分：爆炸物》

GB 30000.3《化学品分类和标签规范　第 3 部分：易燃气体》

GB 30000.4《化学品分类和标签规范　第 4 部分：气溶胶》

GB 30000.5《化学品分类和标签规范　第 5 部分：氧化性气体》

GB 30000.6《化学品分类和标签规范　第 6 部分：加压气体》

GB 30000.7《化学品分类和标签规范　第 7 部分：易燃液体》

GB 30000.8《化学品分类和标签规范　第 8 部分：易燃固体》

GB 30000.9《化学品分类和标签规范　第 9 部分：自反应物质和混合物》

GB 30000.10《化学品分类和标签规范　第 10 部分：自燃液体》

GB 30000.11《化学品分类和标签规范　第 11 部分：自燃固体》

GB 30000.12《化学品分类和标签规范　第 12 部分：自热物质和混合物》

GB 30000.13《化学品分类和标签规范　第 13 部分：遇水放出易燃气体的物质和混合物》

GB 30000.14《化学品分类和标签规范 第 14 部分：氧化性液体》

GB 30000.15《化学品分类和标签规范 第 15 部分：氧化性固体》

GB 30000.16《化学品分类和标签规范 第 16 部分：有机过氧化物》

GB 30000.17《化学品分类和标签规范 第 17 部分：金属腐蚀物》

GB 30000.18《化学品分类和标签规范 第 18 部分：急性毒性》

GB 30000.19《化学品分类和标签规范 第 19 部分：皮肤腐蚀/刺激》

GB 30000.20《化学品分类和标签规范 第 20 部分：严重眼损伤/眼刺激》

GB 30000.21《化学品分类和标签规范 第 21 部分：呼吸道或皮肤致敏》

GB 30000.22《化学品分类和标签规范 第 22 部分：生殖细胞致突变性》

GB 30000.23《化学品分类和标签规范 第 23 部分：致癌性》

GB 30000.24《化学品分类和标签规范 第 24 部分：生殖毒性》

GB 30000.25《化学品分类和标签规范 第 25 部分：特异性靶器官毒性一次接触》

GB 30000.26《化学品分类和标签规范 第 26 部分：特异性靶器官毒性反复接触》

GB 30000.27《化学品分类和标签规范 第 27 部分：吸入危害》

GB 30000.28《化学品分类和标签规范 第 28 部分：对水生环境的危害》

GB 30000.29《化学品分类和标签规范 第 29 部分：对臭氧层的危害》

GB 3100《国际单位制及其应用》

GB 3101《有关量、单位和符号的一般原则》

GB 4839《农药中文通用名称》

GB 4962《氢气使用安全技术规程》

GB/T 6680《液体化工产品采样通则》

GB 6944《危险货物分类和品名编号》

GB/T 7144《气瓶颜色标志》

GB/T 11651《个体防护装备选用规范》

GB 12158《防止静电事故通用导则》

GB 12268《危险货物品名表》

GB 12463《危险货物运输包装通用技术条件》

GB 134951《消防安全标志 第 1 部分：标志》

GB/T 13609《天然气取样导则》

GB 13690《化学品分类和危险性公示 通则》

GB/T 14420《锅炉用水和冷却水分析方法 化学耗氧量的测定 重铬酸钾快速法》

GB 14907《钢结构防火涂料》

GB 15258《化学品安全标签编写规定》

GB 15603《常用危险化学品储存通则》

GB 15607《涂装作业安全规程 粉末静电喷涂工艺安全》

GB 15630《消防安全标志设置要求》

GB/T 16163《瓶装气体分类》

GB/T 16483《化学品安全技术说明书 内容和项目顺序》

GB/T 17519《化学品安全技术说明书编写指南》

GB 17681《易燃易爆罐区安全监控预警系统验收技术要求》

GB 17820《天然气》

GB 17914《易燃易爆性商品储藏养护技术条件》

GB 17915《腐蚀性商品储存养护技术条件》

GB 17916《毒害性商品储存养护技术条件》

GB 18218《危险化学品重大危险源辨识》

GB/T 29510《个体防护装备配备基本要求》

GB/T 29639《生产经营单位安全生产事故应急预案编制导则》

GB/T 29639《生产经营单位生产安全事故应急预案编制导则》

GB/T 36039《燃气电站天然气系统安全生产管理规范》

GB 30871《化学品生产单位特殊作业安全规范》

GB/T 31190《实验室废弃化学品收集技术规范》

GB 50016《建筑设计防火规范》

GB 50017《钢结构设计标准》

GB 50019《工业建筑供暖通风与空气调节设计规范》

GB 50028《城镇燃气设计规范》

GB 50057《建筑物防雷设计规范》

GB 50058《爆炸危险环境电力装置设计规范》

GB 50068《建筑结构可靠性设计统一标准》

GB 50074《石油库设计规范》

GB 50089《民用爆炸物品工程设计安全标准》

GB 50116《火灾自动报警系统设计规范》

GB 50128《立式圆筒形钢制焊接储罐施工规范》

GB 50140《建筑灭火器配置设计规范》

GB 50160《石油化工企业设计防火标准》

GB 50177《氢气站设计规范》

GB 50229《火力发电站与变电站设计防火规范》

GB 50251《输气管道工程设计规范》

GB 50341《立式圆筒形钢制焊接储罐设计规范》

GB 50351《储罐区防火堤设计规范》

GB/T 50493《石油化工可燃气体和有毒气体检测报警设计标准》

GB/T 50770《石油化工安全仪表系统设计规范》

GB 51249《建筑钢结构防火技术规范》

GBZ/T 300.51《工作场所空气有毒物质测定 第51部分：六氟化硫》

（二）公安标准

GA 838《小型民用爆炸物品储存库安全规范》

GA/T 848《爆破作业单位民用爆炸物品储存库安全评价导》

（三）安全标准

AQ 5205《油漆与粉刷作业安全规范》

AQ 3036《危险化学品重大危险源　罐区现场安全监控设备设置规范》

AQ/T 3047《化学品作业场所安全警示标志规范》

AQ/T 3044《氨气检验报警仪技术规范》

（四）城市建设行业标准

CJJ 95《城镇燃气埋地钢质管道腐蚀控制技术规程》

CJJ 51《城镇燃气设施运行、维护和抢修安全技术规程》

JGJ 91《科研建筑设计标准》

（五）电力行业标准

DL 5027《电力设备典型设备消防规程》

DL/T 921《六氟化硫气体毒性生物试验方法》

DL/T 502.1《火力发电厂水汽分析方法　第1部分：总则》

（六）交通行业标准

JT 617《危险货物道路运输规则》（所有部分）

（七）石油行业标准

SY/T 6503《石油天然气工程可燃气体检测报警系统安全规范》

（八）化工行业标准

IIG/T 20675《化工企业静电接地设计规程》

（九）特种设备安全技术规范

TSG D0001《压力管道安全技术监察规程－工业管道》

TSG R0006《气瓶安全技术监察规程》

（十）CECS中国工程建设标准化协会标准

CECS 24《钢结构防火涂料应用技术规范》

（十一）地方标准

DB11/T 1191《实验室危险化学品安全管理规范》（所有部分）

DB11/450《餐饮服务单位使用瓶装液化石油气安全条件》

第二节　相关法律的危险化学品相关条款

一、《中华人民共和国安全生产法》

【条款】第二十一条　矿山、金属冶炼、建筑施工、道路运输单位和危险物品的生产、经营、储存单位，应当设置安全生产管理机构或者配备专职安全生产管理人员。

前款规定以外的其他生产经营单位，从业人员超过一百人的，应当设置安全生产管理机构或者配备专职安全生产管理人员；从业人员在一百人以下的，应当配备专职或者兼职的安全生产管理人员。

【解析】从业人员包括企业所有职工，包括在册职工、劳务派遣等，也包括长期外委项目部。电力企业不属于第一款所列的高危行业，但电力企业从业人员一般超过 100 人。即使不超过 100 人，为了加强管理，也应配备专职安全生产管理人员。

【条款】第二十四条　第一款、第二款 生产经营单位的主要负责人和安全生产管理人员必须具备与本单位所从事的生产经营活动相应的安全生产知识和管理能力。

危险物品的生产、经营、储存单位以及矿山、金属冶炼、建筑施工、道路运输单位的主要负责人和安全生产管理人员，应当由主管的负有安全生产监督管理职责的部门对其安全生产知识和管理能力考核合格。考核不得收费。

【解析】电力企业不属于第二款所列高危行业，主要负责人和安全生产管理人员不必须参加政府组织的考试，但必须参加企业自己组织的危险化学品学习考试，掌握危险化学品法规、政策和必要的安全知识。如地方政府统一组织培训考试，则执行地方政府要求。

【条款】第二十六条　生产经营单位采用新工艺、新技术、新材料或者使用新设备，必须了解、掌握其安全技术特性，采取有效的安全防护措施，并对从业人员进行专门的安全生产教育和培训。

【解析】虽然在生产项目使用危险化学品已经被从业人员熟知，但在生产技术更新改造过程中，有可能引入新的危险化学品，特别是在运行、检修过程中可能生产危险化学品，如不进行识别，会带来未知风险。辨识出的风险要通过培训等方式使可能接触的员工掌握（见知识拓展 2-1）。

知识拓展 2-1

识别方法及小案例

新工艺、新技术、新材料、新设备使用前，要开展可能引入的危险化学品识别。

1. 识别程序
（1）负责实施技术改造、设备更新、新材料使用的部门牵头。
（2）施工、操作、保管、消防、保卫、环保、培训等相关部门参加。
（3）牵头部门负责形成报告。
（4）报告经相关部门会签。
（5）主管领导审核。
（6）以文件形式下发。
2. 重点识别内容
（1）是否有危险化学品。
（2）是否存在特种设备。
（3）是否有依法需要资质、备案等工作。
（4）需要增加的标识。
（5）需要制定或补充的制度。
3. 评估报告内容
评估后要编制评估报告。评估报告内容包括：
（1）评估的依据，包括法律法规、标准规范及各级安全生产制度。

（2）涉及的危险、有害因素和危险有害程度。

（3）存储、消防、保卫、环保等采取的措施。

（4）工艺、技术、设备、材料的可靠性。

（5）可能出现的事故预防及应急措施。

（6）从业人员的培训要求。

4. 报告下发

报告通过正式文件形式下发到各部门，各部门传达到相关岗位。必要时，以报告为依据对制度进行完善。风险突出的，要以适当的形式向相关人员公告，增设警示标识等。

5. 案例

案例一： 使用新材料属于危险化学品

某电解铝生产企业，在2018年5月危险化学品安全综合治理活动开展后，按计划开展了危险化学品摸排工作，并建立危险化学品清单，加强管理。2018年7月，该企业配套大修渣无害化处理环保工程，该工艺生产过程中需要使用漂白粉。由于没有开展危险化学品风险识别，不清楚漂白粉（次氯酸钙）属于危险化学品，也不掌握次氯酸钙遇水放热的特点。某日因集中进货，仓库无法容纳，便临时放入储存有杂物的闲置厂房内。由于闲置厂房顶未做防水，当晚次氯酸钙淋雨放热引燃杂物，形成一般火灾。

案例二： 实施新的清洗技术产生危险化学品

2017年11月18日19点15分左右，河南鄢陵京顺石化机械设备有限公司9名工人在大连西太平洋石化公司硫磺装置做设备检修和换热器管束清洗作业时，施工方在加入清洗剂过程中，发生硫化氢中毒，其中3人伤势较重死亡。

由于设备上存在硫化亚铁，用酸清洗过程中产生H_2S，导致中毒。

$$FeS + H_2SO_4 = H_2S + FeSO_4$$

【条款】第三十二条 生产经营单位应当在有较大危险因素的生产经营场所和有关设施、设备上，设置明显的安全警示标志。

【解析】大量储存危险化学品的场所，氨区、氢站、油区等都属于有较大的危险因素的场所，要按照规范设置安全警示标志，对现场作业人员起到警示作用。

【条款】第三十四条 生产经营单位使用的危险物品的容器、运输工具，以及涉及人身安全、危险性较大的海洋石油开采特种设备和矿山井下特种设备，必须按照国家有关规定，由专业生产单位生产，并经具有专业资质的检测、检验机构检测、检验合格，取得安全使用证或者安全标志，方可投入使用。检测、检验机构对检测、检验结果负责。

【解析】危险化学品容器材质、质量选择不当，运输工具缺陷等可能导致危险化学品外泄并引发事故，要严格把关。天津8.12特大爆炸事故后，分析事故起因是硝化棉包装破损，湿润剂散失，在夏季高温环境中发生自燃。

【条款】第三十六条 生产、经营、运输、储存、使用危险物品或者处置废弃危险物品的，由有关主管部门依照有关法律、法规的规定和国家标准或者行业标准审批并实施监督管理。

生产经营单位生产、经营、运输、储存、使用危险物品或者处置废弃危险物品，必须执行有关法律、法规和国家标准或者行业标准，建立专门的安全管理制度，采取可靠的安全措施，接受有关主管部门依法实施的监督管理。

【解析】目前电力企业使用危险化学品只有形成重大危险源的（见知识拓展 2-2），或剧毒物品需要相关备案手续，但要针对所有危险化学品完善安全管理制度，加强内部管理。

【条款】第三十七条　生产经营单位对重大危险源应当登记建档，进行定期检测、评估、监控，并制定应急预案，告知从业人员和相关人员在紧急情况下应当采取的应急措施。

生产经营单位应当按照国家有关规定将本单位重大危险源及有关安全措施、应急措施报有关地方人民政府安全生产监督管理部门和有关部门备案。

【解析】第一款要求对所有企业都适用，但对不同性质的电力企业有不同的要求。（国家能源局印发的《电力企业应急预案管理办法》（国能安全〔2014〕508 号）要求，中央电力企业集团公司或总部向国家能源局备案。中国南方电网有限责任公司同时向当地国家能源局区域派出机构备案。其他电力企业向所在地国家能源局派出机构备案。）应急管理部《生产安全事故应急预案管理办法》（安全生产监督管理总局令第 88 号公布，应急管理部令第 2 号修正）规定，电力企业由省、自治区、直辖市人民政府负有安全生产监督管理职责的部门确定。也就是说，电力企业必须向能源监管部门备案，是否要到应急管理部门备案，到哪一级政府备案，要执行地方政府规定。

【条款】第三十九条　生产、经营、储存、使用危险物品的车间、商店、仓库不得与员工宿舍在同一座建筑物内，并应当与员工宿舍保持安全距离。

生产经营场所和员工宿舍应当设有符合紧急疏散要求、标志明显、保持畅通的出口。禁止锁闭、封堵生产经营场所或者员工宿舍的出口。

【解析】主要从事故发生的可能性大和人员疏散、撤离难度大两方面考虑提出。电力企业氨站、氢站风险较大，不得设值班室，尽量实行无人值守。

【条款】第四十六条　生产经营单位不得将生产经营项目、场所、设备发包或者出租给不具备安全生产条件或者相应资质的单位或者个人。

生产经营项目、场所发包或者出租给其他单位的，生产经营单位应当与承包单位、承租单位签订专门的安全生产管理协议，或者在承包合同、租赁合同中约定各自的安全生产管理职责；生产经营单位对承包单位、承租单位的安全生产工作统一协调、管理，定期进行安全检查，发现安全问题的，应当及时督促整改。

【解析】在对承揽单位资质要求的基础上，再对发包单位进行约束，形成双保险。电力企业液氨脱硝装置委托经营要格外注意承包方资质审查。

📖 知识拓展 2-2

危险化学品重大危险源扩大化

国家对重大危险源管理思路先后几次发生变化，导致个别管理人员对重大危险源认识混乱，把锅炉作为危险化学品重大危险源。现对历程进行梳理。

（1）关于锅炉属于重大危险源的依据如下：

2004 年，安监总局以安监管协调字〔2004〕56 号下发了《关于开展重大危险源监督管理工作的指导意见》。《意见》明确重大危险源申报登记范围：

1）贮罐区（贮罐）。

2）库区（库）。

3）生产场所。

4）压力管道。

5）锅炉。

6）压力容器。

7）煤矿（井工开采）。

8）金属非金属地下矿山。

9）尾矿库。

（2）2009 年版《危险化学品重大危险源辨识》下发，明确适用范围是危险化学品。

（3）2018 年《关于开展重大危险源监督管理工作的指导意见》废止。目前锅炉已经不再作为危险化学品重大危险源管理。

二、《中华人民共和国劳动法》

【条款】第六十四条　不得安排未成年工从事矿山井下、有毒有害、国家规定的第四级体力劳动强度的劳动和其他禁忌从事的劳动。

【解析】危险化学品使用岗位属于有毒有害岗位，不能安排未成年工。

三、《中华人民共和国刑法》

【条款】第一百三十六条　违反爆炸性、易燃性、放射性、毒害性、腐蚀性物品的管理规定，在生产、储存、运输、使用中发生重大事故，造成严重后果的，处三年以下有期徒刑或者拘役；后果特别严重的，处三年以上七年以下有期徒刑。

【解析】主体为从事生产、储存、运输、使用危险物品的工作的人员。行为人在主观上是出于过失，若行为人是故意制造爆炸等事故的，则不适用本条定罪处刑，而应适用其他有关条款定罪处罚，如爆炸罪等。本罪在客观上必须具有违反危险物品管理规定的行为。

四、《中华人民共和国民法典》

《中华人民共和国民法典》由中华人民共和国第十三届全国人民代表大会第三次会议于 2020 年 5 月 28 日通过，自 2021 年 1 月 1 日起施行。

【条款】第 1236 条　从事高度危险作业造成他人损害的，应当承担侵权责任。

【解析】高度危险作业造成他人损害的，应当承担无过错责任，就是说只要是高度危险作业造成他人人身、财产损害，无论作业人是否有过错，都要承担侵权责任。但不是说高度危险责任没有任何不承担责任或者减轻责任情形，如果针对具体的高度危险责任，法律规定不承担责任或者减轻责任的，应当依照其规定。

【条款】第 1239 条　占有或者使用易燃、易爆、剧毒、高放射性、强腐蚀性、高致病性等高度危险物造成他人损害的，占有人或者使用人应当承担侵权责任；但是，能够证明损害是因受害人故意或者不可抗力造成的，不承担责任。被侵权人对损害的发生有重大过失的，可以减轻占有人或者使用人的责任。

【解析】承担侵权责任的主体是占有人和使用人。这里的"占有"和"使用"包括生产、存储、运输高度危险品以及将高度危险品作为原料或者工具进行生产等行为。因此，高度危险物的占有人和使用人必须采取可靠的安全措施，避免高度危险物造成他人损害。

【条款】第 1241 条　遗失或者抛弃高度危险物造成他人损害的，由所有人承担侵权责任。所有人将高度危险物交由他人管理的，由管理人承担侵权责任；所有人有过错的，与管理人承担连带责任。

【解析】高度危险物的所有人和管理人应当严格按照有关安全生产规范，对其占有、使用的高度危险物进行储存或者处理。如果管理人遗失、抛弃高度危险物造成他人损害的，有过错的所有人与管理人承担连带责任。

【条款】第 1243 条　未经许可进入高度危险活动区域或者高度危险物存放区域受到损害，管理人能够证明已经采取足够安全措施并尽到充分警示义务的，可以减轻或者不承担责任。

【解析】一般来说，高度危险活动区域或者高度危险物存放区域都同社会大众的活动场所相隔绝，如果在管理人已经采取安全措施并且尽到警示义务的情况下，受害人未经许可进入该高度危险区域这一行为本身就说明受害人对于损害的发生具有过错。这种情况下，高度危险活动区域或者高度危险物存放区域的管理人可以减轻或者不承担责任。

五、《中华人民共和国劳动合同法》

【条款】第八条　用人单位招用劳动者时，应当如实告知劳动者工作内容、工作条件、工作地点、职业危害、安全生产状况、劳动报酬，以及劳动者要求了解的其他情况；用人单位有权了解劳动者与劳动合同直接相关的基本情况，劳动者应当如实说明。

【解读】明确了用人单位的告知义务和劳动者的说明义务。企业应灵活运用不同的告知方式，最方便的告知方式是在合同中写入相关条款，或在现场设置公示牌，最有效的方式是培训。告知内容至少包括可能接触的危险化学品及其危害、应急、疏散等内容。

六、《中华人民共和国突发事件应对法》

【条款】第二十三条　矿山、建筑施工单位和易燃易爆物品、危险化学品、放射性物品等危险物品的生产、经营、储运、使用单位，应当制定具体应急预案，并对生产经营场所、有危险物品的建筑物、构筑物及周边环境开展隐患排查，及时采取措施消除隐患，防止发生突发事件。

【解读】电力企业或多或少使用危险化学品，因此应当制定具体应急预案。同时，更重要的是经常性开展隐患排查，防止事故发生。

七、《中华人民共和国消防法》

【条款】第十六条　机关、团体、企业、事业等单位应当履行下列消防安全职责：
（一）落实消防安全责任制，制定本单位的消防安全制度、消防安全操作规程，制定灭火和应急疏散预案；

（二）按照国家标准、行业标准配置消防设施、器材，设置消防安全标志，并定期组织检验、维修，确保完好有效；

（三）对建筑消防设施每年至少进行一次全面检测，确保完好有效，检测记录应当完整准确，存档备查；

（四）保障疏散通道、安全出口、消防车通道畅通，保证防火防烟分区、防火间距符合消防技术标准；

（五）组织防火检查，及时消除火灾隐患；

（六）组织进行有针对性的消防演练；

（七）法律、法规规定的其他消防安全职责。

单位的主要负责人是本单位的消防安全责任人。

【解析】 危险化学品中易燃易爆类数量较多，电力企业大宗危险化学品中液氨、氢气、燃油等都属于易燃易爆类，落实好消防职责既是防止事故发生的重点，也是防止事故扩大、降低事故损失的重点。

【条款】 第三十九条　下列单位应当建立单位专职消防队，承担本单位的火灾扑救工作：

（一）大型核设施单位、大型发电厂、民用机场、主要港口；

（二）生产、储存易燃易爆危险品的大型企业；

（三）储备可燃的重要物资的大型仓库、基地；

（四）第一项、第二项、第三项规定以外的火灾危险性较大、距离公安消防队较远的其他大型企业；

（五）距离公安消防队较远、被列为全国重点文物保护单位的古建筑群的管理单位。

【解析】 电力企业虽然不属于第二类——生产、储存易燃易爆危险品的大型企业，但属于大型发电厂的应该建立单位专职消防队。据了解，目前早期建设的电厂大部分建有专职消防队，近年来新建电厂基本没有专职消防队，2016年，公安部等十三部委联合下发《关于规范和加强企业专职消防队伍建设的指导意见》（公通字〔2016〕25号），要求核电厂，大型火力（见知识拓展2-3）、水力、新能源发电厂要按照《电力安全生产监督管理办法》（发展改革委令第21号）、GB 50229《火力发电厂与变电站设计防火规范》、SDJ 278《水利水电工程设计防火规范》等规定，建立专职消防队。

📖 知识拓展 2-3

大型企业划定标准

根据《关于印发中小企业划型标准规定的通知》（工信部联企业〔2011〕300号），工业类企业同时满足从业人数1000以上（含1000），营业收入40000万元以上（含40000万元）的，为大型企业。

从业人员是指期末从业人员数。

工业企业营业收入采用主营业务收入。

八、《作业场所安全使用化学品公约》（第170号公约）

【条款】第一条第一款 本公约适用于使用化学品的所有经济活动部门。

【解析】该公约适用范围广，只要接触危险化学品，相关条款就适用。

【条款】第七条 （部分）标签和标识。

（1）所有化学品应进行标识，以便于对它们区分。

（2）各类危险化学品应以为工人易于理解的方式加贴标签，以提供其类别、危害性和安全使用的注意事项。

【解析】国际上危险化学品基础管理的通用做法，也是做好危险化学品管理的基础。

【条款】第八条 （部分）化学品安全技术说明书（CSDS）。

对于有害化学品，应向雇主提供化学品安全技术说明书（CSDS），详细表明其特性、供货人、分类、危害、安全注意事项和应急处置方法。

【解析】化学品安全技术说明书是掌握危险化学品性质、危害、安全注意事项及应急等最基础的材料，也是最全面的材料，是供应商必须提供的，也是用户必须索要、学习和依据的。

【条款】第十三条 操作控制。

（1）雇主应对作业场所所使用的化学品所造成的危险进行评价，并通过适当的方法，避免工人遭受危害。如通过下列方式：

1）选用能将危险消除或降低到最低程度的化学品；

2）选用能将危险消除或降低到最低程度的技术；

3）使用适当的工程控制措施；

4）采用能将危险消除或减到最低程度的工作制度和做法；

5）采取适当的职业卫生措施；

6）通过上述措施仍不足消除危险时，免费向工人提供个体防护用具，并落实措施以保证其合理使用。

（2）雇主应：

1）限制工人接触危险化学品以保护他们的安全与健康；

2）提供急救设施；

3）制订应急处理的预案。

【解析】明确企业必须采取的安全措施和要达到的可靠程度，如果不能达到要求的可靠程度，要通过劳动保护等措施进行防护，并且要具有意外发生时的补救措施。

【条款】第十四条 废弃处置

对不再需要的危险化学品和可能残留危险化学品的空容器，应依照国家法律和规则，进行废弃处置，以清除或尽可能减轻对安全、健康和环境的影响。

【解析】明确危险化学品以及可能残留危险化学品的包装物等都要依法处置。

【条款】第十五条 资料和培训

雇主应：

（1）使工人了解作业场所使用的化学品的有关危害。

（2）指导工人如何获得和应用标签和化学品安全技术说明书（CSDS）所提供的资料。

（3）依据化学品安全技术说明书（CSDS），结合现场的具体情况，为工人制订作业须知，如适宜应采用书面形式。

（4）对工人不断地进行作业场所使用化学品的安全注意事项和作业程序的培训教育。

【解析】提出了安全使用必须拥有的资料，以及必须通过培训使从业人员掌握。培训的核心是安全技术说明书中的信息。

【条款】第十七条　工人的义务

（1）在雇主履行其责任时，工人应尽可能与其雇主密切合作，并遵守与作业场所安全使用化学品问题有关的所有程序和规则。

（2）工人应采取一切合理步骤将作业场所化学品可能产生的危害加以消除或减到最低程度。

【解析】本条提出从业人员的义务，如果从业人员不执行企业管理规定，一切管理工作都会流于形式，安全目标难以实现。

第三节　安全相关法规危险化学品相关条款

危险化学品安全管理核心法规是《危险化学品安全管理条例》，共 8 章，分别是总则、生产储存安全、使用安全、经营安全、运输安全、危险化学品登记与事故应急救援、法律责任、附则。

一、生产储存安全

危险化学品储存企业是指专门从事危险化学品储存的企业，该企业既无生产也无经营权利。电力企业不属于生产储存企业。但第三十二条规定：本条例第十六条关于生产实施重点环境管理的危险化学品的企业的规定，适用于使用实施重点环境管理的危险化学品从事生产的企业；第二十条、第二十一条、第二十三条第一款、第二十七条关于生产、储存危险化学品的单位的规定，适用于使用危险化学品的单位；第二十二条关于生产、储存危险化学品的企业的规定，适用于使用危险化学品从事生产的企业。

具体如下：

【条款】第十六条　生产实施重点环境管理的危险化学品的企业，应当按照国务院环境保护主管部门的规定，将该危险化学品向环境中释放等相关信息向环境保护主管部门报告。环境保护主管部门可以根据情况采取相应的环境风险控制措施。

【解析】2014 年，环保部印发《重点环境管理危险化学品目录》（2014）（环办〔2014〕33 号），该目录也适用于危险化学品使用单位。其中，电力企业相关一般有苯、汞、三氧化二砷、重铬酸钾。2016 年，环保部印发《关于废止部分环保部门规章和规范性文件的决定》（环境保护部令第 40 号），废止了《重点环境管理危险化学品目录》（2014）（环办〔2014〕33 号）。所以该条款也就失去了执行的基础。

【条款】第二十条　生产、储存危险化学品的单位，应当根据其生产、储存的危险化学品的种类和危险特性，在作业场所设置相应的监测、监控、通风、防晒、调温、防火、灭火、防爆、泄压、防毒、中和、防潮、防雷、防静电、防腐、防泄漏以及防护围堤或者隔离操作等安全设施、设备，并按照国家标准、行业标准或者国家有关规定对安全设施、设备进行经常性维护、保养，保证安全设施、设备的正常使用。

生产、储存危险化学品的单位，应当在其作业场所和安全设施、设备上设置明显的安全警示标志。

【解析】该条款同样适用于危险化学品使用单位，即电力企业同样适用。再具体一些就是："电力企业使用危险化学品时，应当根据其使用的危险化学品的种类和危险特性，在作业场所设置相应的监测、监控、通风、防晒、调温、防火、灭火、防爆、泄压、防毒、中和、防潮、防雷、防静电、防腐、防泄漏以及防护围堤或者隔离操作等安全设施、设备，并按照国家标准、行业标准或者国家有关规定对安全设施、设备进行经常性维护、保养，保证安全设施、设备的正常使用。"

【条款】第二十一条 生产、储存危险化学品的单位，应当在其作业场所设置通信、报警装置，并保证处于适用状态。

【解析】该条款同样适用于危险化学品使用单位，即电力企业同样适用。

【条款】第二十三条第一款 生产、储存剧毒化学品或者国务院公安部门规定的可用于制造爆炸物品的危险化学品（以下简称易制爆危险化学品）的单位，应当如实记录其生产、储存的剧毒化学品、易制爆危险化学品的数量、流向，并采取必要的安全防范措施，防止剧毒化学品、易制爆危险化学品丢失或者被盗；发现剧毒化学品、易制爆危险化学品丢失或者被盗的，应当立即向当地公安机关报告。

【解析】电力企业也存在易制爆危险化学品、剧毒化学品等，比如：氯化汞属于剧毒化学品，硝酸、六亚甲基四胺属于易制爆危险化学品（见附录 B）。丢失后如果不认真对待，可能引发刑事案件。

【条款】第二十七条 生产、储存危险化学品的单位转产、停产、停业或者解散的，应当采取有效措施，及时、妥善处置其危险化学品生产装置、储存设施以及库存的危险化学品，不得丢弃危险化学品；处置方案应当报所在地县级人民政府安全生产监督管理部门、工业和信息化主管部门、环境保护主管部门和公安机关备案。安全生产监督管理部门应当会同环境保护主管部门和公安机关对处置情况进行监督检查，发现未依照规定处置的，应当责令其立即处置。

【解析】国家能源局在电力企业推行"液氨改尿素"工程，存在液氨罐区停用、处置工作，要按本条要求做好处置方案编制和备案工作。

二、使用安全

【条款】第二十八条 使用危险化学品的单位，其使用条件（包括工艺）应当符合法律、行政法规的规定和国家标准、行业标准的要求，并根据所使用的危险化学品的种类、危险特性以及使用量和使用方式，建立、健全使用危险化学品的安全管理规章制度和安全操作规程，保证危险化学品的安全使用。

【解析】使用危险化学品企业的基本管理要求。

【条款】第二十九条 使用危险化学品从事生产并且使用量达到规定数量的化工企业（属于危险化学品生产企业的除外，下同），应当依照本条例的规定取得危险化学品安全使用许可证。

【解析】该条适用于化工企业，电力企业使用危险化学品不需要许可（见知识拓展 2-4）。

知识拓展 2-4

关于燃气轮机电厂安全使用许可证

据了解，2013 年前后，确有燃气发电企业办理了危险化学品使用许可证。

办理危险化学品使用许可证的依据是《危险化学品安全管理条例》。根据条例，2012 年 11 月 16 日，国家安全生产监督管理总局令第 57 号公布《危险化学品安全使用许可证实施办法》

该办法出台的背景：在我国危险化学品安全管理的各环节中，危险化学品生产企业需要取得安全生产许可证，危险化学品经营企业需要取得危险化学品经营许可证，危险化学品运输企业也需要取得相应的资质许可，而对于使用危险化学品从事生产的企业在以前一直没有专门的许可制度。近年来，化工企业在使用危险化学品从事生产的过程中造成的事故时有发生，给人民群众生命和财产造成巨大损失。如 2006 年 8 月 7 日，天津市津南区鑫达工业园区宜坤化工公司发生反应釜重大爆炸事故，死亡 10 人，近 200 平方米厂房被毁。2011 年 1 月 6 日，安徽省宿州市皖北药业有限公司实验车间发生三光气泄漏事故，造成 75 名职工住院接受治疗和观察，其中使用呼吸机进行治疗的重症病人 17 人（包括危重病人 5 人、特危重病人 1 人），死亡 1 人。这些事故的发生说明需要加强对使用危险化学品的安全监管，需要把涉及使用重点品种的化工企业纳入安全许可范围。

2011 年 3 月 2 日，国务院颁布了新修订的《危险化学品安全管理条例》，明确规定使用危险化学品从事生产并且使用量达到规定数量的化工企业应当取得危险化学品安全使用许可证，并对使用危险化学品从事生产的安全条件提出了新的要求。为贯彻落实相关法规的新要求，切实加强危险化学品安全监督管理，国家安全监管总局制定了《危险化学品安全使用许可证实施办法》。

结论：电力企业液氨属于脱硝还原剂，不需要危险化学品使用许可。燃气轮机电厂的天然气属于燃料，不需要办理危险化学品使用许可证。其他的在数量和用途两方面都不适用于该办法，不需要办理危险化学品使用许可证。

三、运输安全

电力企业一般不采用自购车辆运输危险化学品的管理模式，一般也不直接委托运输，而是要求供货方送货。掌握本部分内容主要是为了把握承运单位、车辆及人员是否符合相关规定的安全条件。同时保证企业内部参与卸车的环节和人员等符合规定。

【条款】第四十四条 危险化学品道路运输企业、水路运输企业的驾驶人员、船员、装卸管理人员、押运人员、申报人员、集装箱装箱现场检查员应当经交通运输主管部门考核合格，取得从业资格。具体办法由国务院交通运输主管部门制定。

危险化学品的装卸作业应当遵守安全作业标准、规程和制度，并在装卸管理人员的现场指挥或者监控下进行。水路运输危险化学品的集装箱装箱作业应当在集装箱装箱现场检查员的指挥或者监控下进行，并符合积载、隔离的规范和要求；装箱作业完毕后，集装箱装箱现场检查员应当签署装箱证明书。

【解析】危险化学品相关人员实行资质准入制度，装卸过程实行监控制度。电力企业作为用户，要做好入厂前检查、监督。

【条款】第四十五条　运输危险化学品，应当根据危险化学品的危险特性采取相应的安全防护措施，并配备必要的防护用品和应急救援器材。

用于运输危险化学品的槽罐以及其他容器应当封口严密，能够防止危险化学品在运输过程中因温度、湿度或者压力的变化发生渗漏、洒漏；槽罐以及其他容器的溢流和泄压装置应当设置准确、起闭灵活。

运输危险化学品的驾驶人员、船员、装卸管理人员、押运人员、申报人员、集装箱装箱现场检查员，应当了解所运输的危险化学品的危险特性及其包装物、容器的使用要求和出现危险情况时的应急处置方法。

【解析】危险化学品运输车辆相当于流动的危险源，任何车辆本身的缺陷，防护设施、应急设施的缺失，都将给用户安全带来威胁。

【条款】第四十六条　通过道路运输危险化学品的，托运人应当委托依法取得危险货物道路运输许可的企业承运。

【解析】托运人在托运前要审查承运单位的资质。托运人将运输工作委托给无资质单位要承担安全责任。

【条款】第四十七条　通过道路运输危险化学品的，应当按照运输车辆的核定载质量装载危险化学品，不得超载。

危险化学品运输车辆应当符合国家标准要求的安全技术条件，并按照国家有关规定定期进行安全技术检验。

危险化学品运输车辆应当悬挂或者喷涂符合国家标准要求的警示标志。

【解析】不符合本条要求的运输车辆就是不安全的，要禁止入厂。

【条款】第四十八条第一款　通过道路运输危险化学品的，应当配备押运人员，并保证所运输的危险化学品处于押运人员的监控之下。

运输危险化学品途中因住宿或者发生影响正常运输的情况，需要较长时间停车的，驾驶人员、押运人员应当采取相应的安全防范措施；运输剧毒化学品或者易制爆危险化学品的，还应当向当地公安机关报告。

【解析】一般为了车辆安全的措施，在车辆进入企业后，就是保证企业安全的措施，押运人员对运输至卸车全过程会起到安全作用。使用单位应尽量及时安排卸货，缩短危险化学品押车时间。压车尽量安排停在厂区外，远离人员密集区和主要交通道路，并保证停车范围不存在动火等安全风险。

四、危险化学品登记与事故应急救援

【条款】第六十七条　危险化学品生产企业、进口企业，应当向国务院安全生产监督管理部门负责危险化学品登记的机构（以下简称危险化学品登记机构）办理危险化学品登记。

【解析】危险化学品登记制度只适用于危险化学品生产企业、进口企业（见知识拓展2-5)，电力企业不适用。

知识拓展 2-5

关于危险化学品登记

据了解，个别企业在接受安全检查时，经常有专家要求开展危险化学品登记，但地方政府部门并不受理。

开展危险化学品登记的依据是《危险化学品登记管理办法》，2012 年 7 月 1 日国家安全生产监督管理总局令第 53 号公布。《办法》第二条规定：本办法适用于危险化学品生产企业、进口企业（以下统称登记企业）生产或者进口《目录》（2015 版）所列危险化学品的登记和管理工作。

电力企业不属于危险化学品生产企业、进口企业，因此不需要登记。

五、 企业责任

【条款】第七十一条　发生危险化学品事故，事故单位主要负责人应当立即按照本单位危险化学品应急预案组织救援，并向当地安全生产监督管理部门和环境保护、公安、卫生主管部门报告；道路运输、水路运输过程中发生危险化学品事故的，驾驶人员、船员或者押运人员还应当向事故发生地交通运输主管部门报告。

【解析】非危险化学品发生事故，主要负责人也应该这样做。

【条款】第七十三条　有关危险化学品单位应当为危险化学品事故应急救援提供技术指导和必要的协助。

【解析】本条主要针对危险化学品生产或进口企业。

六、 政府责任

【条款】发生危险化学品事故，有关地方人民政府应当立即组织安全生产监督管理、环境保护、公安、卫生、交通运输等有关部门，按照本地区危险化学品事故应急预案组织实施救援，不得拖延、推诿。

【解析】在行政方面，地方政府承担应急主体责任，但企业是事故主体责任，也是应急第一救援主体。

【条款】有关地方人民政府及其有关部门应当按照下列规定，采取必要的应急处置措施，减少事故损失，防止事故蔓延、扩大：

（一）立即组织营救和救治受害人员，疏散、撤离或者采取其他措施保护危害区域内的其他人员；

（二）迅速控制危害源，测定危险化学品的性质、事故的危害区域及危害程度；

（三）针对事故对人体、动植物、土壤、水源、大气造成的现实危害和可能产生的危害，迅速采取封闭、隔离、洗消等措施；

（四）对危险化学品事故造成的环境污染和生态破坏状况进行监测、评估，并采取相应的环境污染治理和生态修复措施。

【解析】本条明确了政府责任，但在政府未介入之前，企业应履行上述责任，并及时向政府相关部门报告。政府介入后要积极配合。

七、信息发布

【条款】危险化学品事故造成环境污染的，由设区的市级以上人民政府环境保护主管部门统一发布有关信息。

【解析】企业无权自行发布环境污染信息。

第四节　安全规章危险化学品相关条款

危险化学品安全管理最基本的规章是《危险化学品重大危险源监督管理暂行规定》（2015年修订），共六章37条：总则、辨识与评估、安全管理、监督检查、法律责任、附则。其中安全管理共13条。两个附件分别是危险化学品重大危险源分级方法和可容许风险标准。

一、总则

【条款】第二条　从事危险化学品生产、储存、使用和经营的单位（以下统称危险化学品单位）的危险化学品重大危险源的辨识、评估、登记建档、备案、核销及其监督管理，适用本规定。

城镇燃气、用于国防科研生产的危险化学品重大危险源以及港区内危险化学品重大危险源的安全监督管理，不适用本规定。

【解析】明确了适用范围，危险化学品使用单位也适用，当然包括电力企业。

【条款】第三条　本规定所称危险化学品重大危险源（以下简称重大危险源），是指按照GB 18218《危险化学品重大危险源辨识》辨识确定，生产、储存、使用或者搬运危险化学品的数量等于或者超过临界量的单元（包括场所和设施）。

【解析】明确了定义。电力企业氨罐区一般达到危险化学品重大危险源临界量，属于危险化学品重大危险源。

【条款】第四条　危险化学品单位是本单位重大危险源安全管理的责任主体，其主要负责人对本单位的重大危险源安全管理工作负责，并保证重大危险源安全生产所必需的安全投入。

【解析】明确了安全责任，主体是企业，主要负责人负责。

二、辨识与评估

【条款】第七条　危险化学品单位应当按照《危险化学品重大危险源辨识》，对本单位的危险化学品生产、经营、储存和使用装置、设施或者场所进行重大危险源辨识，并记录辨识过程与结果。

【解析】企业必须组织危险化学品重大危险源辨识，并且辨识过程规范，确保结果准确。

【条款】第八条　危险化学品单位应当对重大危险源进行安全评估并确定重大危险源等级。危险化学品单位可以组织本单位的注册安全工程师、技术人员或者聘请有关专家进行安全评估，也可以委托具有相应资质的安全评价机构进行安全评估。

依照法律、行政法规的规定，危险化学品单位需要进行安全评价的，重大危险源安全评估可以与本单位的安全评价一起进行，以安全评价报告代替安全评估报告，也可以单独进行重大危险源安全评估。

重大危险源根据其危险程度，分为一级、二级、三级和四级，一级为最高级别。重大危险源分级方法由本规定附件 1 列示。

【解析】企业必须对重大危险源进行评估，对存在的隐患进行整改。必须进行分级，不同等级有不同的管理要求。

【条款】第九条　重大危险源有下列情形之一的，应当委托具有相应资质的安全评价机构，按照有关标准的规定采用定量风险评价方法进行安全评估，确定个人和社会风险值：

（一）构成一级或者二级重大危险源，且毒性气体实际存在（在线）量与其在《危险化学品重大危险源辨识》中规定的临界量比值之和大于或等于 1 的；

（二）构成一级重大危险源，且爆炸品或液化易燃气体实际存在（在线）量与其在《危险化学品重大危险源辨识》中规定的临界量比值之和大于或等于 1 的。

【解析】第八、九条　安全评估的要求：

（1）可以企业自己做，也可委托安全评价机构做。建议企业自行组织，企业职工最负责，对企业最了解，同时也能通过评估提高职工业务能力。

（2）可以单独进行，也可以和法定安全评价一并进行。

（3）构成一级或者二级重大危险源，且毒性气体实际存在（在线）量与其在 GB 18218《危险化学品重大危险源辨识》中规定的临界量比值之和大于或等于 1 的，或构成一级重大危险源，且爆炸品或液化易燃气体实际存在（在线）量与其在 GB 18218《危险化学品重大危险源辨识》中规定的临界量比值之和大于或等于 1 的，应当委托具有相应资质的安全评价机构进行评估。

【条款】第十条　重大危险源安全评估报告应当客观公正、数据准确、内容完整、结论明确、措施可行，并包括下列内容：

（一）评估的主要依据；

（二）重大危险源的基本情况；

（三）事故发生的可能性及危害程度；

（四）个人风险和社会风险值（仅适用定量风险评价方法）；

（五）可能受事故影响的周边场所、人员情况；

（六）重大危险源辨识、分级的符合性分析；

（七）安全管理措施、安全技术和监控措施；

（八）事故应急措施；

（九）评估结论与建议。

危险化学品单位以安全评价报告代替安全评估报告的，其安全评价报告中有关重大危险源的内容应当符合本条第一款规定的要求。

【解析】明确了评估报告的内容。

【条款】第十一条　有下列情形之一的，危险化学品单位应当对重大危险源重新进行辨识、安全评估及分级：

（一）重大危险源安全评估已满三年的；

（二）构成重大危险源的装置、设施或者场所进行新建、改建、扩建的；

（三）危险化学品种类、数量、生产、使用工艺或者储存方式及重要设备、设施等发生变化，影响重大危险源级别或者风险程度的；

（四）外界生产安全环境因素发生变化，影响重大危险源级别和风险程度的；

（五）发生危险化学品事故造成人员死亡，或者 10 人以上受伤，或者影响到公共安全的；

（六）有关重大危险源辨识和安全评估的国家标准、行业标准发生变化的。

【解析】明确了需要重新评估的情景。

三、安全管理

【条款】第十二条　危险化学品单位应当建立完善重大危险源安全管理规章制度和安全操作规程，并采取有效措施保证其得到执行。

【解析】所有装置都要有管理制度和操作规程，并不是危险化学品重大危险源独有，只是针对性更强，管理更加严格。

【条款】第十三条　危险化学品单位应当根据构成重大危险源的危险化学品种类、数量、生产、使用工艺（方式）或者相关设备、设施等实际情况，按照下列要求建立健全安全监测监控体系，完善控制措施：

（一）重大危险源配备温度、压力、液位、流量、组分等信息的不间断采集和监测系统以及可燃气体和有毒有害气体泄漏检测报警装置，并具备信息远传、连续记录、事故预警、信息存储等功能；一级或者二级重大危险源，具备紧急停车功能。记录的电子数据的保存时间不少于 30 天。

（二）重大危险源的化工生产装置装备满足安全生产要求的自动化控制系统；一级或者二级重大危险源，装备紧急停车系统。

（三）对重大危险源中的毒性气体、剧毒液体和易燃气体等重点设施，设置紧急切断装置；毒性气体的设施，设置泄漏物紧急处置装置。涉及毒性气体、液化气体、剧毒液体的一级或者二级重大危险源，配备独立的安全仪表系统（SIS）。

（四）重大危险源中储存剧毒物质的场所或者设施设置视频监控系统。

（五）安全监测监控系统符合国家标准或者行业标准的规定。

【解析】对危险化学品重大危险源控制系统提出要求。

【条款】第十四条　通过定量风险评价确定的重大危险源的个人和社会风险值，不得超过本规定附件 2 列示的个人和社会可容许风险限值标准。

超过个人和社会可容许风险限值标准的，危险化学品单位应当采取相应的降低风险措施。

【解析】明确了重大危险源的个人和社会风险值的最低标准。

【条款】第十五条　危险化学品单位应当按照国家有关规定，定期对重大危险源的安全设施和安全监测监控系统进行检测、检验，并进行经常性维护、保养，保证重大危险源的安全设施和安全监测监控系统有效、可靠运行。维护、保养、检测应当做好记录，并由有关人员签字。

【解析】安全设施和安全监测监控系统检测、检验、维护、保养必须引起重视，这才是重大危险源日常管理重点，也是保证重大危险源可靠的根本。

【条款】第十六条　危险化学品单位应当明确重大危险源中关键装置、重点部位的责任人或者责任机构，并对重大危险源的安全生产状况进行定期检查，及时采取措施消除事故隐患。事故隐患难以立即排除的，应当及时制定治理方案，落实整改措施、责任、资金、时限和预案。

【解析】对复杂装置，需要明确关键装置和重点部位，对于氨罐区这种简单装置，一般没有再明确关键装置和重点部位的必要。

【条款】第十七条　危险化学品单位应当对重大危险源的管理和操作岗位人员进行安全操作技能培训，使其了解重大危险源的危险特性，熟悉重大危险源安全管理规章制度和安全操作规程，掌握本岗位的安全操作技能和应急措施。

【解析】人是关键因素。人的安全意识、自觉性、正确认识、规范操作等，都是安全的保障。这些都需要通过培训来实现。电力企业要对所有岗位人员是否可能接触危险化学品，可能接触哪些危险化学品，何时可能接触危险化学品要进行全面分析评估，制定需要接受培训并取得危险化学品培训合格证岗位清单（见附录 C），明确需要接受培训的范围。

【条款】第十八条　危险化学品单位应当在重大危险源所在场所设置明显的安全警示标志，写明紧急情况下的应急处置办法。

【解析】本条款必须落实，但最重要的还是把好人员上岗关，上岗前必须通过培训掌握哪些场所是危险化学品重大危险源场所，该场所有哪些风险，紧急情况如何处理。如果职工对以上事项不掌握，需要依靠现场标志提示、提醒，风险是无法控制的。

【条款】第十九条　危险化学品单位应当将重大危险源可能发生的事故后果和应急措施等信息，以适当方式告知可能受影响的单位、区域及人员。

【解析】本条款非常重要，人的认识和安全意识的提高，可以减少事故发生，更能避免发生无知者无畏的盲目施救导致的事故扩大。

【条款】第二十条　危险化学品单位应当依法制定重大危险源事故应急预案，建立应急救援组织或者配备应急救援人员，配备必要的防护装备及应急救援器材、设备、物资，并保障其完好和方便使用；配合地方人民政府安全生产监督管理部门制定所在地区涉及本单位的危险化学品事故应急预案。

对存在吸入性有毒、有害气体的重大危险源，危险化学品单位应当配备便携式浓度检测设备、空气呼吸器、化学防护服、堵漏器材等应急器材和设备；涉及剧毒气体的重大危险源，还应当配备两套以上（含本数）气密型化学防护服；涉及易燃易爆气体或者易燃液体蒸气的重大危险源，还应当配备一定数量的便携式可燃气体检测设备。

【解析】规定了应急要求。电力企业危险化学品重大危险源主要是氨罐区，按照《目录》（2015 版），氨不属于剧毒气体，但配备一定的气密型化学防护服也是必要的。不具备建立专职应急救援组织，但应该指定和训练兼职救援人员。

【条款】第二十一条　危险化学品单位应当制定重大危险源事故应急预案演练计划，并按照下列要求进行事故应急预案演练：

（一）对重大危险源专项应急预案，每年至少进行一次；

（二）对重大危险源现场处置方案，每半年至少进行一次。

应急预案演练结束后，危险化学品单位应当对应急预案演练效果进行评估，撰写应急预案演练评估报告，分析存在的问题，对应急预案提出修订意见，并及时修订完善。

【解析】规定了应急演练要求。演练的目的包括提高安全意识、检验预案可操作性、检验和提高队伍应急能力等，一般在演练前要策划事故场景。目前有一种错误做法是演练前编制演练脚本，形成预案和演练两张皮现象，虽然场面上好看，但效果大打折扣。

【条款】第二十二条　危险化学品单位应当对辨识确认的重大危险源及时、逐项进行登记建档。

重大危险源档案应当包括下列文件、资料：

（一）辨识、分级记录；

（二）重大危险源基本特征表；

（三）涉及的所有化学品安全技术说明书；

（四）区域位置图、平面布置图、工艺流程图和主要设备一览表；

（五）重大危险源安全管理规章制度及安全操作规程；

（六）安全监测监控系统、措施说明、检测、检验结果；

（七）重大危险源事故应急预案、评审意见、演练计划和评估报告；

（八）安全评估报告或者安全评价报告；

（九）重大危险源关键装置、重点部位的责任人、责任机构名称；

（十）重大危险源场所安全警示标志的设置情况；

（十一）其他文件、资料。

【解析】规定了档案内容。

【条款】第二十三条　危险化学品单位在完成重大危险源安全评估报告或者安全评价报告后15日内，应当填写重大危险源备案申请表，连同本规定第二十二条规定的重大危险源档案材料（其中第二款第五项规定的文件资料只需提供清单），报送所在地县级人民政府安全生产监督管理部门备案。

县级人民政府安全生产监督管理部门应当每季度将辖区内的一级、二级重大危险源备案材料报送至设区的市级人民政府安全生产监督管理部门。设区的市级人民政府安全生产监督管理部门应当每半年将辖区内的一级重大危险源备案材料报送至省级人民政府安全生产监督管理部门。

重大危险源出现本规定第十一条所列情形之一的，危险化学品单位应当及时更新档案，并向所在地县级人民政府安全生产监督管理部门重新备案。

【解析】规定了备案要求。随着信息化技术提高和普及，逐步实现电子化备案。

【条款】第二十四条　危险化学品单位新建、改建和扩建危险化学品建设项目，应当在建设项目竣工验收前完成重大危险源的辨识、安全评估和分级、登记建档工作，并向所在地县级人民政府安全生产监督管理部门备案。

【解析】对于企业，备案的意义是对重大危险源管理基础工作有一定的督促作用，该条款的主要意义是为政府提供统计数据，强化监督，便于做好应急准备。

第五节　危险化学品安全规范性文件及解析

油罐区、液氨罐区是电力企业风险较大的场所，在此主要介绍一下罐区安全的规范性文件。并对《特别管控危险化学品目录》（第一版）做简单介绍。

一、《油气罐区防火防爆十条规定》

针对近年来油气罐区发生的重大及典型事故暴露出的突出问题，立足于现场管理和问题导向，依据《中华人民共和国安全生产法》《危险化学品安全管理条例》和与之相关的部门规章、规范性文件、国家及行业标准等，国家安全监管总局印发了《油气罐区防火防爆十条规定》。规定中各项要求对其他危险化学品罐区同样适用。

（1）严禁油气储罐超温、超压、超液位操作和随意变更储存介质。

【解析】本条主要规定了油气储罐的使用管理要求。油气储罐储存介质、储存温度、压力、液位必须符合设计工艺条件和工艺控制指标，这些指标超出控制范围会带来泄漏着火、爆炸等安全风险。

储罐在设计阶段是按照既定的某种储存介质进行设计的，设计考虑的因素仅局限于该种介质的物化性质和储运工艺要求，若要变更储存介质，必须要考虑既定储罐的设计条件是否满足该介质的存储要求，确保储罐安全运行。随意变更储存介质或储罐用途可能带来安全隐患，导致事故的发生。

典型事故案例：1984年3月31日，河北省某化工厂油罐发生爆炸事故，造成16人死亡、6人重伤，事故主要原因是违章输入渣油（原为锅炉燃料油罐），油温过高，大量瓦斯与罐内空气混合形成爆炸性气体，遇到火花引发爆炸。

（2）严禁在油气罐区手动切水、切罐、装卸车时作业人员离开现场。

【解析】本条主要规定了储罐区手动切水、切罐、装卸车作业管理要求。手动切水是指通过间断手动打开切水阀放出沉积在油气储罐底部的水；切罐是指将进出物料从一个储罐切换到另一个储罐；装卸车是指将储罐中物料装车或从运输车辆向储罐中输送物料。

切水、切罐、装卸车等作业环节应当严格遵守安全作业标准、规程和制度，并在监护人员现场指挥和全程监护下进行。若监护不到位，极易造成油气泄漏，引发事故。

典型事故案例：1988年10月22日，上海某石油化工公司炼油厂小凉山球罐区发生液化气爆炸燃烧事故，造成26人死亡、15人烧伤，事故主要原因是操作人员在对液化气球罐开阀切水时，未按操作规程操作，未在现场监护，致使液化气与水一起排出，且处置不及时，液化气遇到明火发生爆燃。2015年7月16日，山东石大科技石化有限公司液化气球罐着火爆炸事故，也是在罐区进行切水作业时，作业人员离开现场，液化气泄漏，处置不及时造成的。

（3）严禁关闭在用油气储罐安全阀切断阀和在泄压排放系统加盲板。

【解析】本条主要规定了安全阀和泄压排放系统的安全操作要求。安全阀切断阀指为方便安全阀校验或更换而在其前后安装的切断阀门，泄压排放系统指能迅速排放储罐压力的系统，通常指火炬系统或专用排放系统。安全阀切断阀关闭或压力泄放系统加盲板都将使储罐在超压或紧急状况时压力无法泄放，储罐因超压造成爆炸、着火等恶性事故。

典型事故案例：2015年7月16日，山东某石化有限公司发生液化气球罐着火爆炸事故，造成2名消防员轻伤，7辆消防车毁坏，部分球罐及周边设施和建构筑物不同程度损坏。事故直接原因是倒罐作业过程中，6号罐内水被完全切出后，液化石油气由切水管漏出、扩散，遇点火源燃烧，导致液化烃罐区着火；球罐因安全阀关闭且压力泄放系统加了盲板，造成爆炸，使事故后果扩大。

（4）严禁停用油气罐区温度、压力、液位、可燃及有毒气体报警和联锁系统。

【解析】本条规定了油气罐区温度、压力、液位、可燃、有毒气体等关键参数报警和联锁系统的管理要求。油气储罐应按照标准和规范要求设置液位计、温度计、压力表、可燃（有毒）气体报警仪，以及高液位报警和高高液位自动联锁切断进料措施，报警信号应发送至操作人员常驻的控制室或操作室，并且报警要设置声光报警，以便及时发现异常并做出处理，因此必须要保证报警和联锁系统的完好并且处于在用状态。与此同时，也可以给报警主机加装物联网设备，报警时可立刻通过 iFire 消防宝的推送了解情况。

典型事故案例：2005 年 12 月 11 日，国外某油库发生火灾爆炸事故，共烧毁大型储油罐 20 余座，受伤 43 人，直接经济损失 2.5 亿英镑，事故主要原因是储罐的自动测量系统失灵，部分储罐和管道系统的电子监控器以及相关报警设备处于非正常工作状态等。

（5）严禁未进行气体检测和办理作业许可证，在油气罐区动火或进入受限空间作业。

【解析】本条主要规定了油气罐区动火和受限空间作业管理要求。动火作业前要分析检测油气罐区动火点周围可燃气体含量，进入受限空间作业前要对储罐内可燃、有毒气体和氧含量进行分析。动火和进入受限空间作业一直是事故多发环节，油气罐区储存物料多，一旦发生事故，往往后果严重，必须严格审批管理，对作业现场和作业过程可能存在的危险、有害因素进行辨识，制定相应的安全措施并落实，相关人员按照权限进行签字确认，作业过程中要有监护人员进行现场监护，具体管理程序应符合 GB 30871《化学品生产单位特殊作业安全规范》的要求。

典型事故案例：2010 年 6 月 2 日，某石化公司三苯罐区发生爆炸着火事故，造成 4 人死亡，事故直接原因是非法分包的承包商作业人员在三苯罐区一储罐罐顶违章进行气割动火作业，切割火焰引燃泄漏的甲苯等易燃易爆气体，回火至罐内引起储罐爆炸。2004 年 10 月 27 日，某石化公司发生酸性水罐爆炸事故，造成 7 人死亡，事故主要原因是罐内的爆炸性混合气体从焊缝开裂处泄漏，遇到气割管线作业的明火或飞溅的熔渣引起爆炸。

（6）严禁内浮顶储罐运行中浮盘落底。

【解析】本条主要规定了对内浮顶储罐液位的要求。浮盘落底是指因储罐液位过低，浮盘落在了支撑腿上。正常运行时浮盘落底后会在浮盘和油面之间形成气相空间，在物料流速过快时物料管线管口静电易聚集，极易引发着火爆炸事故。

典型事故案例：2011 年 8 月 29 日，中石油大连石化柴油罐发生爆炸着火事故，事故主要原因是事故储罐送油造成液位过低，浮盘与柴油液面之间形成气相空间，使空气进入；同时，上游装置操作波动，进入事故储罐的柴油中轻组分含量增加，在浮盘下方形成爆炸性混合气体；加之进油流速过快，产生大量静电无法及时导出产生放电，引发爆炸着火。

（7）严禁向油气储罐或与储罐连接管道中直接添加性质不明或能发生剧烈反应的物质。

【解析】本条规定了油气加工、调和过程中各种添加剂、助剂使用安全管理要求。在添加使用前要了解添加剂、助剂的物化性质，并进行风险评估，制定相应的控制措施和应急预案，操作过程中要使用专门的加剂系统，严格履行操作规程。

典型事故案例：2010 年 7 月 16 日，某储运公司罐区输油管道发生爆炸着火事故，事故主要原因是在原油油轮已停止卸油作业的情况下，继续向输油管道中注入含有强氧化剂的原油脱硫剂，在输油管道内发生剧烈反应，导致爆炸，引发火灾。

（8）严禁在油气罐区使用非防爆照明、电气设施、工器具和电子器材。

【解析】本条主要规定了油气罐区防爆器材的使用要求。油气罐区储存的介质一般都具有易燃易爆等特点，在油气罐区使用非防爆工具、电气设施、通信器材等，存在较大安全隐患，容易引发事故。

典型事故案例：2010年6月29日，某石化公司原油储罐发生爆燃事故，造成5人死亡、5人受伤，事故主要原因是清罐作业时原油罐中的烃类可燃物达到爆炸极限，遇到接入原油储罐的非防爆普通照明灯产生的电火花，发生爆燃事故。

（9）严禁培训不合格人员和无相关资质承包商进入油气罐区作业，未经许可机动车辆及外来人员不得进入罐区。

【解析】本条主要规定了岗位操作人员培训和承包商及外来人员、机动车辆的管理要求。油气罐区操作人员必须经培训合格，具备上岗能力。进入罐区作业的承包商具备相应的资质是确保作业安全的前提，外来人员、机动车辆随意进入罐区会带来很多不可控的安全风险。

典型事故案例：1993年10月21日，某炼油厂发生油罐爆炸事故，造成2人死亡，事故主要原因是操作人员违反操作程序，造成汽油泄漏，在空气中形成爆炸性混合气体，遇到承包商驾驶的手扶拖拉机排气管排出的火星，发生起火爆炸。

（10）严禁油气罐区设备设施不完好或带病运行。

【解析】本条主要规定了油气罐区设备设施的管理要求。油气罐区储罐、管道管件、安全附件、防雷防静电、消防应急及其他设备设施都要定期维护保养，并保证完好运行。

典型事故案例：2010年1月7日，某石化公司碳四球罐发生爆炸着火事故，造成6人死亡、6人受伤，事故主要原因是裂解碳四球罐出口管线弯头失效破裂，发生物料泄漏，泄漏的裂解碳四达到爆炸极限，遇点火源发生空间爆炸，进而引起周边储罐泄漏、着火和爆炸。

二、《关于进一步加强化学品罐区安全管理的通知》

安监总局《关于进一步加强化学品罐区安全管理的通知》（安监管总三〔2014〕68号）解析：

（1）进一步完善化学品罐区监测监控设施。根据规范要求设置储罐高低液位报警，采用超高液位自动联锁关闭储罐进料阀门和超低液位自动联锁停止物料输送措施。确保易燃易爆、有毒有害气体泄漏报警系统完好可用。大型、液化气体及剧毒化学品等重点储罐要设置紧急切断阀。

【解析】危险化学品罐区事故原因之一是抽空或超储，抽空可能导致吸入空气，超储可能导致超压或外溢，高低位报警能够及时发现上述异常情况。采用超高液位自动联锁关闭储罐进料阀门和超低液位自动联锁停止物料输送措施可以在人员发现或处理不及时的情况下自动处置。在人员疏忽和联锁系统控制失效的情况下，易燃易爆、有毒有害气体泄漏报警系统可以及时提醒。紧急切断系统主要是切断事故装置及相关联装置，控制事态扩大。

（2）强化化学品罐区生产运行管理。出现液位高低位报警时，必须立即采取处理措施。对有装卸栈台的罐区要严格装卸作业管理和车辆管理，防止违规作业影响罐区安全。

【解析】对于合规的危险化学品装置，安全设施一般比较齐全，加强运营管理可以减少人员失误造成的事故。加强管理的基础是明确责任，完善制度。

（3）进一步加强化学品罐区内特殊作业管理。要进一步规范动火、进入受限空间等特殊作业管理及检维修管理，严格执行作业票审批制度，认真进行风险分析，严格隔离、置换（蒸煮）吹扫，严格检测可燃气体浓度，进入受限空间作业时，还要严格检测有毒气体浓度、受限空间氧含量，切实落实防范措施，强化过程监控。严禁以阀门代替盲板作为隔断措施，严禁对未经清洗置换的储罐进行动火作业。作业出现险情时，救援人员要佩戴好劳动防护用品，科学施救。要进一步加强承包商管理，严格承包商资质审核，加强承包商员工培训，做好作业交底和现场监护。

【解析】严格按照相关规范执行。

（4）加强化学品罐区设备设施管理。对化学品罐区设备设施要定期检查检测，确保储罐管线阀门、机泵等设备设施完好。加强化学品储罐腐蚀监控，定期清罐检查，发现腐蚀减薄及时处理。确保储罐安全附件和防雷、防静电、防汛设施及消防系统完好；有氮气保护设施的储罐要确保氮封系统完好在用。

【解析】设备设施管理是安全的基础，设备设施只有在完好状态才能起到保障作用。

（5）强化化学品罐区人员培训。加强储罐区管理和操作人员培训，确保掌握岗位安全风险和操作规程。确保操作人员能够正确使用劳动保护用品和应急防护器材，具备应急处置能力，特别是初期火灾的扑救能力和中毒窒息的科学施救能力。

【解析】发挥人员的作用，要有责任心，更要有履职尽责的能力，包括提前认知风险，早期预见风险，准确判断风险，有效处置风险的能力。

（6）进一步强化化学品罐区源头管控。对未经正规设计的储罐区进行设计复核，按照有关标准规范，完善设备设施。可燃液体储罐要按单罐单堤的要求设置防火堤或防火隔堤。涉及重点监管危险化学品的罐区要定期进行危险与可操作性分析（HAZOP）。

【解析】在建项目要选用有资质的单位设计，对已投产的项目开展设计复核。

（7）进一步加大化学品罐区隐患排查整治力度。建立健全隐患排查治理制度，强化日常巡回检查，定期全面排查隐患，及时整治并消除隐患。

【解析】隐患排查是防止事故发生的基础，而日常巡回检查是隐患排查最有效的形式。危险化学品重大危险源日常巡回检查至少每小时一次。

三、《特别管控危险化学品目录》（第一版）

为认真贯彻落实《危险化学品安全综合治理方案》，深刻吸取事故教训，加强危险化学品全生命周期管理，强化安全风险防控，有效防范遏制重特大事故，切实保障人民群众生命和财产安全，2020年5月30日，应急管理部、工业和信息化部、公安部、交通运输部联合制定了《特别管控危险化学品目录》（第一版），见表2-1。

表2-1　　　　　　　　　　《特别管控危险化学品目录》（第一版）

序号	品名	别名	CAS号	UN编号	主要危险性
一、爆炸性化学品					
1	硝酸铵 ［（钝化）改性硝酸铵除外］	硝铵	6484-52-2	0222 1942 2426	急剧加热会发生爆炸，与还原剂、有机物等混合可形成爆炸性混合物

序号	品名	别名	CAS号	UN编号	主要危险性
2	硝化纤维素 （包括属于易燃固体的硝化纤维素）	硝化棉	9004-70-0	0340 0341 0342 0343 2555 2556 2557	干燥时能自燃，遇高热、火星有燃烧爆炸的危险
3	氯酸钾	白药粉	3811-04-9	1485	强氧化剂，与还原剂、有机物、易燃物质、金属粉末等混合可形成爆炸性混合物
4	氯酸钠	氯酸鲁达、氯酸碱、白药钠	7775-09-9	1495	强氧化剂，与还原剂、有机物、易燃物质、金属粉末等混合可形成爆炸性混合物
二、有毒化学品（包括有毒气体、挥发性有毒液体和固体剧毒化学品）					
5	氯	液氯、氯气	7782-50-5	1017	剧毒气体，吸入可致死
6	氨	液氨、氨气	7664-41-7	1005	有毒气体，吸入可引起中毒性肺水肿；与空气能形成爆炸性混合物
7	异氰酸甲酯	甲基异氰酸酯	624-83-9	2480	剧毒液体，吸入蒸气可致死；高度易燃液体，蒸气与空气能形成爆炸性混合物
8	硫酸二甲酯	硫酸甲酯	77-78-1	1595	有毒液体，吸入蒸气可致死；可燃
9	氰化钠	山奈、山奈钠	143-33-9	1689 3414	剧毒，遇酸产生剧毒、易燃的氰化氢气体
10	氰化钾	山奈钾	151-50-8	1680 3413	剧毒，遇酸产生剧毒、易燃的氰化氢气体
三、易燃气体					
11	液化石油气	LPG	68476-85-7	1075	易燃气体，与空气能形成爆炸性混合物
12	液化天然气	LNG	8006-14-2	1972	易燃气体，与空气能形成爆炸性混合物
13	环氧乙烷	氧化乙烯	75-21-8	1040	易燃气体，与空气能形成爆炸性混合物，加热时剧烈分解，有着火和爆炸危险

序号	品名	别名	CAS号	UN编号	主要危险性
14	氯乙烯	乙烯基氯	75-01-4	1086	易燃气体，与空气能形成爆炸性混合物；火场温度下易发生危险的聚合反应
15	二甲醚	甲醚	115-10-6	1033	易燃气体，与空气能形成爆炸性混合物
四、易燃液体					
16	汽油（包括甲醇汽油、乙醇汽油）		86290-81-5	1203 3475	极易燃液体，蒸气与空气能形成爆炸性混合物
17	1，2-环氧丙烷	氧化丙烯	75-56-9	1280	极易燃液体，蒸气与空气能形成爆炸性混合物
18	二硫化碳		75-15-0	1131	极易燃液体，蒸气与空气能形成爆炸性混合物；有毒液体
19	甲醇	木醇、木精	67-56-1	1230	高度易燃液体，蒸气与空气能形成爆炸性混合物；有毒液体
20	乙醇	酒精	64-17-5	1170	高度易燃液体，蒸气与空气能形成爆炸性混合物

注　1. 特别管控危险化学品是指固有危险性高、发生事故的安全风险大、事故后果严重、流通量大，需要特别管控的危险化学品。

2. 序号是指《特别管控危险化学品目录》（第一版）中的顺序号。

3. 别名是指除品名以外的其他名称，包括通用名、俗名等。

4. CAS号是指美国化学文摘社对化学品的唯一登记号。

5. UN编号是指联合国危险货物运输编号。

6. 主要危险性是指特别管控危险化学品最重要的危险特性。

7. 符合 GB 15346—2012《化学试剂　包装及标志》的试剂类产品不适用本目录及特别管控措施。

8. 纳入《城镇燃气管理条例》管理范围的燃气不适用本表及特别管控措施。国防科研单位生产、储存、使用的特别管控危险化学品不适用本目录及特别管控措施。

9. 甲醇、乙醇的管理措施仅限于强化运输管理。

10. 硝酸铵的销售、购买审批管理环节按民用爆炸物品的有关规定进行管理。

11. 通过水运、空运、铁路、管道运输的特别管控危险化学品，应依照主管部门的规定执行。

1. 目录的确定

第一批共确定了 20 种特别管控危险化学品，其中爆炸性化学品 4 种、有毒化学品 6 种、易燃气体 5 种、易燃液体 5 种。

通过对国内外危险化学品事故的研究和分析，易燃、有毒、爆炸是造成重特大事故最为重要的危险特性。因此，确定爆炸性化学品（包括强氧化剂）、有毒化学品、易燃气体和液体，是需要特别管控的危险化学品类别。在具体名单确定时，综合考虑了化学品的固有危险性、国内外危险化学品重特大事故及后果、国内的生产使用情况、当前国内重点管理的情况等多种因素，通过对列入《目录》（2015 版）的危险化学品进行筛选和综合评估确定最终名单。

以氯乙烯为例，从多个方面综合考虑后确定纳入《目录》：一是该化学品属于极易燃气体，密度大于空气，一旦泄漏会沿地面扩散，并在低洼处聚集，极易引发燃烧爆炸造成重大人员伤亡，属于固有危险性较大的危险化学品；二是历史上发生过多起氯乙烯引起的重大以上事故，事故风险高。如 1989 年辽宁本溪草河口化工厂"8·29"重大爆炸事故、2018 年河北盛华化工有限公司"11·28"重大爆燃事故；三是该化学品全国产能在 2500 万 t 左右，上下游企业超过 100 家，生产使用范围和数量大；四是该化学品一直以来都是各部门重点监管的高风险化学品，已列入《重点监管化学品目录》《高毒物品目录》《重点环境管理危险化学品目录》等多个目录。

2.《特别管控危险化学品目录》（第一版）与《目录》（2015 版）、《重点监管的危险化学品名录》的关系

根据《危险化学品安全管理条例》（国务院令第 591 号），《目录》（2015 版）、是由原安全监管总局会同国务院工业和信息化、公安、环境保护、卫生、质量监督检验检疫、交通运输、铁路、民用航空、农业主管部门于 2015 年颁布，《目录》（2015 版）是我国危险化学品安全管理的基础。《特别管控危险化学品目录（第一版）》和《重点监管的危险化学品名录》是进一步聚焦风险，在《目录》（2015 版）基础上提炼出来的。

《特别管控危险化学品目录》（第一版）与《重点监管的危险化学品名录》的区别在于《特别管控危险化学品目录》（第一版）考虑了危险化学品在各个环节中的风险，需要引起全社会的广泛关注；而《重点监管的危险化学品名录》主要考虑了危险化学品的生产、储存风险，关注的领域主要集中在化工（危险化学品）行业企业。

3. 采取的特别管控措施及解决的问题

特别管控危险化学品的管控措施主要有五条，涉及特别管控危险化学品全过程管理的各个阶段。

（1）建设信息平台，实施全生命周期信息追溯管控。为了深刻吸取天津港"8·12"特别重大火灾爆炸事故在救援过程中暴露出的各部门间信息没有互连互通，信息不能共享，不能实时掌握危险化学品的去向情况，难以实现对危险化学品全时段、全流程、全覆盖安全监管的教训，研究通过利用物联网、云计算、大数据等现代信息技术手段，打通部门间信息沟通的"鸿沟"，实现特别管控危险化学品全过程跟踪、信息监控与追溯。

（2）研究规范包装管理。危险化学品包装不规范是引发危险化学品事故的重要原因，2019 年发生的多起硫酸二甲酯事故都涉及包装不规范的问题，而目前国内对道路运输危险化学品包装的监管仍存在不足之处。需通过研究加强各部门之间的协调，推动实施涉及特别管控危险化学品的危险货物的包装性能检验和包装使用鉴定。

（3）严格安全准入。做好源头把控工作，严格准入条件，新建企业必须符合产业布局规划，必须符合安全生产法律法规和标准，以保障企业的安全发展、高质量发展。

（4）强化运输管理。为吸取沪昆高速湖南邵阳段"7·19"特别重大道路交通危险化学品爆燃事故等运输环节重特大事故教训，强化道路运输车辆的在线监控和预警，加快推动实施道路危险货物运输电子运单管理。

（5）实施储存定置化管理。通过合理规划，优化管理模式，推进储存管理的精细化，

实施定置化管理，确保监管部门能够准确掌握特别管控危险化学品的储存地点和储存量，实现精准监管和事故状态下的精准救援。

第六节 危险化学品标准规范

一、危险化学品重大危险源辨识标准

(一)几个概念

1. 危险化学品重大危险源

长期地或临时地生产、储存、使用和经营危险化学品，且危险化学品的数量等于或超过临界量的单元。(GB 18218—2018 中定义)

2. 重大危险源

是指长期地或者临时地生产、搬运、使用或者储存危险物品，且危险物品的数量等于或者超过临界量的单元（包括场所和设施）。(《安全生产法》中定义)

3. 危险化学品

是指具有毒害、腐蚀、爆炸、燃烧、助燃等性质，对人体、设施、环境具有危害的剧毒化学品和其他化学品。(GB 18218—2018 和《危险化学品安全管理条例》中定义)

4. 危险化学品

录入《目录》(2015 版)的化学品。[《目录》(2015 版)中定义]

(二)重大危险源的确定

(1) 单元内存在的危险化学品数量若等于或超过相应的临界量，则定为重大危险源。

(2) 临界量在不同版本标准中有所变化，要依据最新版本。

(三)重大危险源分级

采用单元内危险化学品实际存在（在线）量与其在《危险化学品重大危险源辨识》中规定的临界量比值，经校正系数校正后的比值之和 R 作为分级指标。公式为

$$R = \alpha\beta q/Q$$

式中 α——该危险化学品重大危险源厂区外暴露人员的校正系数；

      β——该危险化学品相对应的校正系数；

      q——某危险化学品实际存在（在线）量，t；

      Q——与危险化学品相对应的临界量，t。

根据重大危险源的厂区边界向外扩展 500m 范围内常住人口数量，设定厂外暴露人员校正系数 α 值（见表 2-2）。

表 2-2   校正系数 α 取值表

厂外可能暴露人员数量	α	厂外可能暴露人员数量	α
100 人以上	2.0	1～29 人	1.0
50～99 人	1.5	0 人	0.5
30～49 人	1.2		

根据单元内危险化学品的类别不同，设定校正系数 β 值。在表2-3范围内的危险化学品，其 β 值按表2-3确定；未在表2-3范围内的危险化学品，其 β 值按表2-4确定。

表2-3　　　　　　　　　　毒性气体校正系数 β 取值表

名称	校正系数 β	名称	校正系数 β
一氧化碳	2	硫化氢	5
二氧化硫	2	氟化氢	5
氨	2	二氧化氮	10
环氧乙烷	2	氰化氢	10
氯化氢	3	碳酰氯	20
溴甲烷	3	磷化氢	20
氯	4	异氰酸甲酯	20

表2-4　　　　未在表2-3中列举的危险化学品校正系数 β 取值表

类别	符号	校正系数 β
急性毒性	J1	4
	J2	1
	J3	2
	J4	2
	J5	1
爆炸物	W1.1	2
	W1.2	2
	W1.3	2
易燃气体	W2	1.5
气溶胶	W3	1
氧化性气体	W4	1
易燃液体	W5.1	1.5
	W5.2	1
	W5.3	1
	W5.4	1
自反应物质和混合物	W6.1	1.5
	W6.2	1
有机过氧化物	W7.1	1.5
	W7.2	1
自然液体和自然固体	W8	1
氧化性固体和液体	W9.1	1
	W9.2	1
易燃固体	W10	1
遇水放出易燃气体的物质和混合物	W11	1

注　危险化学品类别依据《目录》（2015版）中分类标准确定。

根据计算出来的 R 值，按表 2-5 确定危险化学品重大危险源的级别。

表 2-5　　　　　　　　危险化学品重大危险源级别和 R 值的对应关系

危险化学品重大危险源级别	R 值	危险化学品重大危险源级别	R 值
一级	$R \geqslant 100$	三级	$50 > R \geqslant 10$
二级	$100 > R \geqslant 50$	四级	$R < 10$

二、 化学品安全标签编写规定

化学品安全标签是《工作场所安全使用化学品规定》和《作业场所安全使用化学品公约》（国际公约 170 号）要求的预防和控制化学危害基本措施之一，主要是对市场上流通的化学品通过加贴标签的形式进行危险性标识，提出安全使用注意事项，向作业人员传递安全信息，以预防和减少化学危害，达到保障安全和健康的目的。国家质量检验检疫监督总局为规范化学品安全标签内容的表述和编写，制定发布了 GB 15258—2009《化学品安全标签编写规定》。

安全标签用文字、图形符号和编码的组合形式表示化学品所具有的危险性和安全注意事项，危险化学品入库领用要检查安全标签规范完整。

（一）内容

（1）名称：用中文和英文分别标明化学品的通用名称。名称要求醒目清晰，位于标签的正上方。

（2）分子式：用元素符号和数字表示分子中各原子数，居名称的下方。若是混合物此项可略。

（3）化学成分及组成：标出化学品的主要成分和含有的有害组分、含量或浓度。

（4）编号：标明联合国危险货物编号和中国危险货物编号，分别用 UNNo. 和 CNNo. 表示。

（5）标志：标志采用联合国《关于危险货物运输的建议书》和《常用危险化学品分类及标志》（GB 13690）规定的符号。每种化学品最多可选用 2 个标志。标志符号居标签右边。

注：联合国《关于危险货物运输的建议书》可从国家化学品登记注册中心索取。

（6）警示词：根据化学品的危险程度和类别，用"危险""警告""注意"3 个词分别进行危害程度的警示。具体规定见表 2-6。当某种化学品具有两种及两种以上的危险性时，用危险性最大的警示词。警示词位于化学品名称的下方，要求醒目、清晰。

表 2-6　　　　　　　　警示词与化学品危险性类别的对应关系

警示词	化学品危险性类别
危险	爆炸品、易燃气体、有毒气体、低闪点液体、一级自燃物品、一级遇湿易燃物品、一级氧化剂、有机过氧化物、剧毒品、一级酸性腐蚀品
警告	不燃气体、中闪点液体、一级易燃固体、二级自燃物品、二级遇湿易燃物品、二级氧化剂、有毒品、二级酸性腐蚀品、一级碱性腐蚀品
注意	高闪点液体、二级易燃固体、有害品、二级碱性腐蚀品、其他腐蚀品

（7）危险性概述：简要概述化学品燃烧爆炸危险特性、健康危害和环境危害。居警示词下方。

（8）安全措施：表述化学品在处置、搬运、储存和使用作业中所必须注意的事项和发生意外时简单有效的救护措施等，要求内容简明扼要、重点突出。

（9）灭火：化学品为易（可）燃或助燃物质，应提示有效的灭火剂和禁用的灭火剂以及灭火注意事项。

（10）批号：注明生产日期及生产班次。生产日期用××××年××月××日表示，班次用××表示。

（11）提示向生产销售企业索取安全技术说明书。

（12）生产企业名称、地址、邮编、电话。

（13）应急咨询电话：填写化学品生产企业的应急咨询电话和国家化学事故应急咨询电话。

（二）制作

（1）标签正文应简捷、明了、易于理解，要采用规范的汉字表述。

（2）标签内标志的颜色按 GB 13690 规定执行，正文应使用与底色反差明显的颜色，一般采用黑白色。

（3）标签的边缘要加一个边框，边框外应留大于或等于 3mm 的空白。标签的印刷应清晰，所使用的印刷材料和胶黏材料应具有耐用性和防水性。安全标签可单独印刷，也可与其他标签合并印刷。

（三）使用

（1）标签应粘贴、挂拴、喷印在化学品包装或容器的明显位置。多层包装运输，原则上要求内外包装都应加贴（挂）安全标签，但若外包装上已加贴安全标签，内包装是外包装的衬里，内包装上可免贴安全标签；外包装为透明物，内包装的安全标签可清楚地透过外包装，外包装可免加标签。

（2）标签的位置规定如下：

1）桶、瓶形包装：位于桶、瓶侧身。

2）箱状包装：位于包装端面或侧面明显处。

3）袋、捆包装：位于包装明显处。

4）集装箱、成组货物：位于四个侧面。

（3）标签的粘贴、挂栓、喷印应牢固，保证在运输、储存期间不脱落，不损坏。

（4）标签应由生产企业在货物出厂前粘贴、挂拴、喷印。若要改换包装，则由改换包装单位重新粘贴、挂拴、喷印标签。

（5）盛装危险化学品的容器或包装，在经过处理并确认其危险性完全消除之后，方可撕下标签，否则不能撕下相应的标签。

三、化学品安全技术说明书编写指南

购买危险化学品要向供货单位索要安全技术说明书，相关岗位人员要组织学习说明书相关内容。安全技术说明书要求内容全面、完整、规范，要符合 GB/T 17519—2013《化学品安全技术说明书编写指南》以下要求。

(一) 主要内容

1. 化学品标识

化学品标识应包括以下内容：

(1) 化学品的中文名称和英文名称。中文名称和英文名称应与标签上的名称一致。化学品属于物质的可填写其化学名称或常用名（俗名）；属于混合物的可填写其商品名称或混合物名称；属于农药的应填写其通用名称。同时标注供应商为该化学品编写的产品代码。

(2) 中文化学名称应按照中国化学会推荐使用的无机化学命名原则和有机化学命名原则确定，英文化学名称应按照国际纯粹化学和应用化学联合会（IUPAC）推荐使用的 IUPAC 命名法确定。英文化学名称过长可使用其缩写，但应在 SDS（化学品安全技术说明书）的成分/组成信息中给出其全称。

(3) 农药的中英文通用名称应分别按照 GB 4839《农药中文通用名称》和 ISO 1750《农药和其他农用化学品　通用名称》填写。

2. 企业标识

应有详细的供应商名称、地址、电话号码和电子邮件地址。

(1) 地址应完整，包括省（直辖市、自治区）、市、区（县）和街道名称，门牌号码，以及邮政编码。

(2) 所提供的电话号码（可同时提供传真电话号码），应为供应商 SDS 责任部门的电话号码。

(3) 所提供的电子邮件地址，应为供应商 SDS 责任部门的电子邮件地址。电子邮件地址宜设为专用和共用（非个人），以方便多人使用和核查。

3. 应急咨询电话

(1) 应提供供应商的 24h 化学事故应急咨询电话或供应商签约委托机构的 24h 化学事故应急咨询电话。

(2) 对于国外进口的化学品，应提供至少 1 家中国境内的 24h 化学事故应急咨询电话。

4. 化学品的推荐用途和限制用途

(1) 提供化学品的推荐或预期用途。

(2) 应尽可能说明化学品的使用限制。

5. 紧急情况概述

提供事故状态下化学品可能立即引发的严重危害，以及可能具有严重后果需要紧急识别的危害，为化学事故现场救援人员处置时提供参考。

(1) 本项应置于 SDS 第 2 部分——危险性概述的起始位置，可使用醒目字体或加边框。

(2) 必要时，描述化学品的物理状态等，例如颜色、形状、气味，以及蒸气的颜色等。

(3) 化学品的以下性质（但不限于），可作为事故状态下可能立即引发严重危害或具有严重后果需要紧急识别的危害列入本项：

1) 化学品具有易燃易爆特性；

2) 化学品具有重大或特殊的火灾或爆炸危险性（如可扩散到点火源、能够形成爆炸性混合物、可燃粉尘爆炸危险等）；

3) 属于氧化剂、有机过氧化物、自燃物；

4）化学品不稳定（反应）或遇水反应；

5）可引发重大反应性危害（例如与水或有机物发生失控反应、自然分解等）；

6）在压力状态下搬运或处置化学品（例如压缩气体、液化气体等）；

7）化学品的使用过程产生危害（例如加热过程发生热烧伤、加工过程释放有害化学品或产生其他危害）；

8）属于剧毒或有毒化学品，进入人体（如吸入）后产生严重危害（如为强烈的中枢神经系统抑制剂、可引起中毒性肺水等）；

9）接触后必须立即进行特殊医疗救治（例如接触氢氟酸、氰化物中毒等）；

10）化学品能引起组织灼伤（例如对皮肤、眼睛和呼吸道有腐蚀作用）；

11）化学品对眼和（或）皮肤有强烈刺激性；

12）化学品对皮肤或呼吸道有致敏性；

13）化学品属于确认、可能或可疑致癌物［例如 GHS（全球化学品统一分类和标签制度）分类为类别 1A、类别 1B 或类别 2 致癌物；国际癌症研究机构（IARC）分类为 G1、G2A 或 G2B 类致癌物］；

14）化学品对水生生物有高毒性（例如在低浓度下能够导致鱼、藻或溞类等水生生物死亡）；

15）化学品具有环境持久性［例如多氯联苯（PCB）、汞等］。

6. 危险性类别

应依据相关国家标准对化学品进行危险性分类的结果。对于国家有关目录已经统一分类的化学品，其危险性分类应采用目录分类的结果。同时根据危险性分类结果，标明化学品的物理、健康和环境危害的危险性种类和类别。

7. 标签要素

应根据分类，按照相关国家标准的规定，提供适当的标签要素。SDS 标签要素的内容应与化学品安全标签上的要素内容一致。

8. 物理和化学危险

应简要描述化学品潜在的物理和化学危险性，如燃烧爆炸的危险性、金属腐蚀性等。本项填写的内容应与 SDS 危险性概述中的紧急情况概述和危险性类别项的相关内容相对应。

9. 健康危害

应提供人接触化学品后所引起的有害健康影响（包括人接触化学品后出现的症状、体征，以及能够加重病情的原有疾患等）；或外推及人很可能出现同样有害影响的非人类研究结果的信息。具体包括：

（1）接触途径（如吸入、皮肤接触、眼睛接触、食入）。

（2）接触的频率和持续时间（如一次、反复、终生）。

（3）有害影响的严重程度（如轻度、中度或重度）。

（4）靶器官（如肝脏、肾脏、肺、皮肤等）。

（5）效应的类型（如刺激、皮肤过敏反应、出生缺陷、肿瘤、血液影响等）。

（6）接触后出现的症状和体征。

（7）已知接触后能导致病情加重的疾患。

（8）能够增强毒性的与其他化学品的交互作用（例如甲基乙基酮能够增强正己烷的神

经毒性)。

10. 环境危害

要用简洁易懂语言描述化学品的显著环境危害,如果资料表明化学品没有显著的环境影响,也应作出说明。

11. 其他危害

以下在 GHS 没有包括的危险特性(但不限于),应该在本项内表述:

(1)物理和化学危险:粉尘爆炸。

(2)健康危害:窒息、冻伤、交叉致敏、光毒性反应。

(3)环境危害:属于持久性、生物累积性和毒性(PBT)化学品或高持久性和高生物累积性(vPvB)化学品,内分泌干扰物,粉尘污染,恶臭污染,淬火或加工过程中产生的空气污染物,光化学臭氧生成潜势,对土壤生物的危害。

12. 急救措施

(1)应根据化学品的不同接触途径,按照吸入、皮肤接触、眼睛接触和食入的顺序,分别描述相应的急救措施。如果存在除中毒、化学灼伤外必须处置的其他损伤(例如低温液体引起的冻伤、固体熔融引起的烧伤等),也应说明相应的急救措施。

(2)应对接触化学品后可能出现的急性和迟发性效应中,最重要的症状和健康影响进行简要说明。

(3)必要时,应就施救人员的自我保护提出建议。

(4)适当时,作为对医生的特别提示,应就迟发性效应的临床检查和医学监护、特殊解毒剂的使用及禁忌证、药品禁忌、气道正压通气的使用、是否需要洗胃等作出说明,不宜使用"无特效解毒剂"等词语,以免引起中患者对化学品毒性的焦虑和误解。

13. 消防措施

(1)使用简洁的语言标明适用的灭火剂和不适用的灭火剂,对于不适用的灭火剂应注明原因。

(2)应提供在火场中化学品可能引起的特别危害方面的信息。比如,化学品燃烧可能产生的有毒有害燃烧产物,遇高热容器内压缩气体(或液体)急剧膨胀,或发生物料聚合放出热量,导致容器内压增大,引起开裂或爆炸等。

(3)提供灭火过程中采取的保护行动、消防人员应穿戴的个体防护装备、泄漏物和消防水对水源和土壤污染的可能性、减少环境污染应采取的措施等方面的信息。

14. 泄漏应急处理

(1)应急人员及非应急人员穿戴的防护装备。

(2)火源控制、现场警戒区的划定及人员疏散、泄漏源控制、泄漏物控制等措施。

(3)提出与化学品意外泄漏事故有关的环境保护措施建议。

(4)泄漏化学品的收容、清除方法及所使用的处置材料有关建议。包括收容方法(包括筑堤堵截、用防爆泵转移等)、清除方法(包括中和、净化、吸附、洗消等)、收容或清除设备的使用(包括使用不产生火花的工具和设备)、不宜采用的收容或消除技术等与泄漏处置有关的其他问题。

(5)消除点火源,防止泄漏物进入下水道和地下室等防止发生次生灾害的预防措施。

15. 操作处置与储存

（1）操作处置。包括禁止在工作场所进饮食、使用后洗手、进入餐饮区前脱掉污染的衣着和防护装备等一般卫生要求建议，以及防止人员接触的注意事项和措施；防止火灾、爆炸等操作处置上的注意事项和措施；在操作处置化学品时采用局部通风或全面通风措施的必要性；防止产生气溶胶和粉尘的注意事项和措施；直接接触禁配物的特殊处置注意事项。

（2）储存。包括适合和不适合该化学品的包装材料，以及要求库房阴凉、通风，库房温度、湿度不得超过某一规定数值等库房及温湿度条件；防火、防爆、防腐蚀、防静电，以及防止泄漏物扩散的措施等安全设施与设备；禁配物；添加抑制剂或稳定剂的要求；储存仓库（或容器）的具体设计、储存限量等其他要求。

16. 接触控制和个体防护

（1）职业接触限值。应列工作场所空气中化学物质最高容许浓度（MAC）、时间加权平均容许浓度（PC−TWA）和短时间接触容许浓度（PC−STEL）。对于国内尚未制定职业接触限值的物质，可填写国外发达国家规定的该物质的职业接触限值。如果预计化学品的使用过程中能够产生其他空气污染物，应列出这些污染物的职业接限值。

（2）生物限值。国内已制定标准的，应列出物质或混合物组分的生物限值。对于国内未制定生物限值标准的物质，可填写国外尤其是发达国家规定的该物质的生物限值。

（3）监测方法。提供职业接触限值和生物限值的监测方法，以及监测方法的来源。

（4）工程控制。提出符合国家有关标准的工程控制措施及需要采取的特殊工程控制措施。例如，使用局部排风系统；仅在密闭系统中使用；仅在喷漆房内使用；使用机械操作，减少人员与材料的接触；采用粉尘爆炸控制措施等。

（5）个体防护装备。结合危险化学品特性，提出符合国家或行业的相关标准的个人防护建议。

17. 理化特性

对于混合物，在不能获取其整体理化特性信息的情况下，应填写混合物中对其危险性有贡献组分的理化特性。并明确注明相关组分的名称。

18. 稳定性和反应性

（1）稳定性。应描述在正常环境下和预计的储存和处置温度和压力条件下，物质或混合物是否稳定；说明为保持物质或混合物的化学稳定性可能需要使用的任何稳定剂；说明物质或混合物的外观变化有何安全意义。

（2）危险反应。说明物质或混合物能否发生伴有诸如压力升高、温度升高、危险副产物形成等现象的危险反应。危险反应包括（但不限于）聚合、分解、缩合、与水反应和自反应等。应注明发生危险反应的条件。

（3）应避免的条件。列出可能导致危险反应的条件，如热、压力、撞击、静电、震动、光照等。

（4）禁配物。应考虑在产品的储存、使用或运输中接触到的材料、容器或污染物，列出能发生反应而引发危险禁配物。

（5）危险的分解产物。应列出已知和可合理预计会因使用、储存、泄漏或受热产生危险分解产物，例如，可燃和有毒物质、窒息性气体等。分解产物一氧化碳、二氧化碳和水除外。

19. 毒理学信息

应提供能用来评估物质、混合物的健康危害和进行危险性分类的信息。包括不同接触途径（例如吸入、皮肤接触、眼接触、食入）的信息，一次性接触、反复接触与连续接触所产生的毒性作用，能够引起有害健康影响的接触剂量、浓度或条件方面的信息，迟发效应和即刻效应等信息。

20. 生态学信息

应提供支持环境危害分类的生态学信息，包括生态毒性、持久性及降解性、潜在的生物累积性、土壤中的迁移性等信息。如有可能，还应提供环境转归、臭氧损耗潜势、光化学臭氧生成潜势、内分泌干扰作用、全球变暖潜势等。

21. 废弃处置

提供废弃化学品和被污染的任何包装物的合适处置方法，说明影响废弃处置方案选择的废弃化学品的物理化学特性，明确说明不得采用排放到下水道的方式处置废弃化学品，说明焚烧或填埋废弃化学品时应采取的特殊防范措施，以及有关从事废弃化学品处置或回收利用活动人员的安全防范措施。

22. 运输信息

提供危险物质或混合物国际运输规定的编号与分类信息。包括联合国危险货物编号（UN 号），联合国运输名称，联合国危险性分类，包装类别，是否为海洋污染物，以及对运输工具的要求，消防和应急处置器材配备要求，防火、防爆、防静电等要求，禁配要求，行驶路线要求等运输安全要求。

23. 法规信息

标明国家管理该化学品的法律、法规，标准、规范等。

24. 其他信息

应提供以上部分没有包括的，对于下游用户安全使用化学品有重要意义的其他任何信息。

（二）格式

1. 幅面尺寸

SDS 的幅面尺寸一般为 A4（也可以是供应商认为合适的其他幅面尺寸），按竖式编排。

2. 首页上部

（1）使用显著字体排写"化学品安全技术说明书"大标题。

（2）给出编制 SDS 化学产品的名称，名称的填写应符合 GB/T 16483《化学品安全技术说明书 内容和项目顺序》的要求。

（3）注明 SDS 的修订日期。

（4）注明 SDS 最初编制日期。

（5）注明 SDS 编写依据的标准，即"按照 GB/T 16483、GB/T 17519《化学品安全技术说明书编写指南》编制"。

（6）如有 SDS 号，应在此给出。

（7）如有 SDS 的版本号，应在此给出。

3. 首页后各页上部

包括首页已给出的产品名称、首页已给出的修订日期、首页已给出的 SDS 编号。

4. 页码系统及其位置

按照 GB/T 16483 规定的页码系统编写页码，印在 SDS 每一页页脚线下居中或右侧位置。

5. 内文

符合 GB/T 17519《化学品安全技术说明书编写指南》，编写要点 16 部分的标题、编号和前后顺序不能随意变更。

(三) 书写要求

(1) 使用规范中文汉字编制。

(2) 文字表达准确、简明、扼要、易懂、逻辑严谨，避免使用不易理解或易产生歧义的语句。

(3) 在书写时应选用经常使用的、熟悉的词语。

四、 计量单位

(1) 执行 GB 3100《量和单位系列标准》的规定，使用法定计量单位。

(2) 对于随温度或其他条件变化的参数（如蒸气压、黏度、溶解度等），在其数值后应指明其测量或计算该参数的条件（如温度、压力等）。

(3) 某些参数是无量纲参数，如相对密度，应指明测量时所使用的参比物质（水或空气）。

第三章

危险化学品装置安全设计

第一节　一　般　要　求

一、依法合规

（1）危险化学品装置设计要选择有资质的单位。

（2）属于"两重点一重大"（见知识拓展 3-1）的装置要选择具有甲级资质的设计单位。

（3）危险化学品生产装置的安全设计必须符合 GB 50016《建筑设计防火规范》、GB 50058《爆炸危险环境电力装置设计规范》、GB 50057《建筑物防雷设计规范》、GB 50160《石油化工企业设计防火规范》、GB 50019《工业建筑供暖通风与空气调节设计规范》等国家规范、标准及其他相应行业标准。

知识拓展 3-1

"两重点一重大"

"两重点一重大"是指重点监管的危险化工工艺、重点监管的危险化学品和重大危险源，简称"两重点一重大"。体现了"突出重点、加强监管"的安全理念，是促进企业安全生产管理的重要措施。

（一）重点监管的危险化工工艺

2009 年和 2013 年国家分两批公布了 18 种重点监管的危险化工工艺。

第一批：包括光气及光气化工艺、电解工艺（氯碱）、氯化工艺、硝化工艺、合成氨工艺、裂解（裂化）工艺、氟化工艺、加氢工艺、重氮化工艺、氧化工艺、过氧化工艺、胺基化工艺、磺化工艺、聚合工艺、烷基化工艺在内的 15 种重点监管的危险化工工艺及其安全控制要求、重点监控参数及推荐的控制方案。

第二批：包括新型煤化工工艺、电石生产工艺、偶氮化工艺在内的 3 种重点监管的危险化工工艺及其安全控制要求、重点监控参数及推荐的控制方案。

（二）重点监管的危险化学品

重点监管的危险化学品名录是国家安全生产监督管理总局为深入贯彻落实《国务院

关于进一步加强企业安全生产工作的通知》（国发〔2010〕23号）和《国务院安委会办公室关于进一步加强危险化学品安全生产工作的指导意见》（安委办〔2008〕26号）精神，进一步突出重点、强化监管，指导安全监管部门和危险化学品单位切实加强危险化学品安全管理工作，在综合考虑2002年以来国内发生的化学品事故情况、国内化学品生产情况、国内外重点监管化学品品种、化学品固有危险特性和近四十年来国内外重特大化学品事故等因素的基础上，组织对当时《名录》（2002版）中的3800余种危险化学品进行了筛选编制的。先后共公布两批。《国家安全监管总局关于公布首批重点监管的危险化学品名录的通知》（安监总管三〔2011〕95号）公布60种。《国家安全监管总局关于公布第二批重点监管的危险化学品名录的通知》（安监总管三〔2013〕12号）公布14种。

目前共74种重点监管的危险化学品，电力企业接触的重点监管的危险化学品包括氯、氨、液化石油气、硫化氢、甲烷、天然气、原油、汽油（含甲醇汽油、乙醇汽油）、石脑油、氢等。

（三）危险化学品重大危险源

依据GB 18218《危险化学品重大危险源辨识》确定。最新版为GB 18218—2018，2018年颁布，2019年4月生效。GB 18218—2018中详细说明了构成重大危险源的危险化学品及其临界量、重大危险源的辨识依据、重大危险源的辨识指标、重大危险源的分级和重大危险源的辨识流程。

（四）两重点一重大的特殊管理要求

1. 人员要求

（1）操作人员必须具有高中以上文化程度。

（2）相关专业管理人员必须具备大专以上学历。

（3）对员工进行安全培训，确保从业人员充分了解和掌握工作岗位存在的危险因素及防范措施，提升安全技能。

（4）开展安全教育，提升员工的风险意识。

2. 设计阶段要求

（1）必须在基础设计阶段开展危险与可操作性分析（HAZOP）。

（2）设计单位资质应为工程设计综合资质或相应工程设计化工石化医药、石油天然气（海洋石油）行业专业资质甲级。

（3）工艺包设计文件应当包括工艺危险性分析报告。

（4）必须装备安全仪表系统。

（5）必须建立健全安全监测监控体系。

（6）一级或二级重大危险源，装备紧急停车系统；涉及毒性气体、液化气体、剧毒液体的一级或二级重大危险源，配备独立的安全仪表系统。

涉及重点监管危险化学品的装置应装备自动化控制系统，涉及高度危险和大型装置要依法装备安全仪表系统（紧急停车或安全联锁）。

二、 区域规划与工厂总体布置

危险化学品装置应根据本企业及其相邻的工厂或设施的特点及危险特性，结合地形、风向等自然环境，以及交通、经济等社会条件，合理布置。

（1）厂址宜选择在位于邻近城镇或居住区全年最小频率风向的上风侧。

（2）沿江河、海岸布置时，宜位于邻近江河的城镇、重要桥梁、大型锚地、船厂等重要建筑物或构筑物的下游。

（3）可能散发可燃、有毒气体的危险化学品装置，宜布置在人员集中场所及明火或散发火花地点的全年最小频率风向的上风侧；在山区或丘陵地区，应避免布置在窝风地带。

（4）汽车装卸站等机动车频繁进出的设施，应布置在厂区边缘或厂外，并宜设围墙独立成区。

（5）采用架空电力线路进出厂区的升压站，应布置在厂区边缘。工厂总平面布置的防火间距，应符合国家标准或国家有关规定。

（6）根据《危险化学品安全管理条例》的规定，危险化学品装置与下列场所、区域的距离，必须符合国家标准或国家有关规定。

1）居民区、商业中心、公园等人口密集区域。

2）学校、医院、影院、体育场（馆）等公共设施。

3）供水水源、水厂及水源保护区。

4）车站、码头（按照国家规定，经批准，专门从事危险化学品装卸作业的除外）、机场以及公路、铁路、水路交通干线、地铁风亭及出入口。

5）基本农田保护区、畜牧区、渔业水域和种子、种畜、水产苗种生产基地。

6）河流、湖泊、风景名胜区和自然保护区。

7）军事禁区、军事管理区。

8）法律、行政法规规定予以保护的其他区域。

（7）工厂与相邻工厂或设施的防火间距应符合国家标准或国家有关规定。

（8）工厂主要出入口不应少于两个，并宜位于不同方位。

（9）生产区的道路宜采用双车道。若为单车道应满足错车要求。

（10）工艺装置区及可燃液体储罐区、装卸区及危险化学品仓库区应设环形消防车道。

（11）可燃性危险化学品储存场所与消防车道的距离应符合国家标准或国家有关规定。

三、 防火、 防爆、 防尘毒

厂房的耐火等级、层数和占地面积、防火间距、安全疏散以及防爆要求，应符合 GB 50016《建筑设计防火规范》中的有关规定。

（1）有爆炸危险的甲、乙类（见知识拓展 3-2）厂房，宜采用钢筋混凝土柱、钢柱承重的框架或排架结构，钢柱采用防火保护层（见知识拓展 3-3），并根据可能散发的可燃气体、蒸汽的火灾危险性，设置必要的泄压设施。

（2）设备、建筑物平面布置的防火间距，应符合国家标准或国家有关规定。

（3）同一建筑物内，应将人员集中的房间布置在火灾危险性较小的一端。

（4）装置的控制室、变电室、配电室、化验室、办公室和生活间等，应布置在装置的一侧，并位于爆炸危险区范围以外。

（5）安全阀的开启压力（定压），不应高于设备的设计压力。

（6）消防设施、消防给水和灭火器材的设计、配置，符合 GB 50016《建筑设计防火规范》、GB 50160《石油化工企业设计防火规范》中规定的要求。

（7）企业设有消防站的，危险化学品场所应在消防站的服务范围内，按行车路程计，行车路程不宜大于 2.5km；并且接到火警后消防车到达火场的时间不宜超过 5min。

（8）危险化学品的生产车间、库房等场所应设置监测、通风、防晒、调温、防火、灭火、防爆、泄压、防毒、消毒、中和、防潮、防雷、防静电、防腐、防渗漏、防护围堤或者隔离操作等安全设施、设备，以及通信、报警装置。

（9）根据设备、管道内部物料的火灾危险性和操作条件，设置相应的仪表、报警信号、自动联锁保护系统或紧急停车措施。

📖 知识拓展 3-2

厂房火灾危险性分类

根据 GB 50016—2014《建筑设计防火规范》，生产的火灾危险性分类（见表 3-1）要依据使用或产生物质的火灾危险性特征。电力企业制氢、储存氢气厂房，天然气厂房属于甲类。

表 3-1 　　　　　　　　　　　　　生产的火灾危险性分类

分类	甲类	乙类	丙类	丁类	戊类
使用或产生下列物质生产的火灾危险特性	（1）闪点小于 28℃ 的液体。 （2）爆炸下限小于 10% 的气体。 （3）常温下能自行分解或在空气中氧化，能导致迅速自燃或爆炸的物质。 （4）常温下受到水或空气中水蒸气的作用，能产生可燃气体并引起燃烧或爆炸的物质。 （5）遇酸、受热、撞击、摩擦、催化以及遇有机物或硫磺等易燃的无机物，极易引起燃烧或爆炸的强氧化剂。 （6）受撞击、摩擦或与氧化剂、有机物接触时能引起燃烧或爆炸的物质。 （7）在密闭设备内操作温度大于或等于物质本身自燃点的生产	（1）闪点不小于 28℃，但小于 60℃ 的液体。 （2）爆炸下限不小于 10% 的气体。 （3）不属于甲类的氧化剂。 （4）不属于甲类的易燃固体。 （5）助燃气体。 （6）能与空气形成爆炸性混合物的浮游状态的粉尘、纤维、闪点大于或等于 60℃ 的液体雾滴	（1）闪点不小于 60℃ 的液体。 （2）可燃固体	（1）对不燃烧物质进行加工，并在高温或熔化状态下经常产生强辐射热、火花或火焰的生产。 （2）利用气体、液体、固体作为燃料或将气体、液体进行燃烧作其他用的各种生产。 （3）常温下使用或加工难燃烧物质的生产	常温下使用或加工不燃烧物质的生产

知识拓展 3-3

钢结构防火保护

根据 GB 51249—2017《钢结构防火技术规范》，钢结构的防火保护可采用下列措施之一或其中几种的复（组）合：①喷涂（抹涂）防火涂料；②包覆防火板；③包覆柔性毡状隔热材料；④外包混凝土、金属网抹砂浆或砌筑砌体。

（1）采用喷涂防火涂料保护时，应符合下列规定：

1）室内隐蔽构件，宜选用非膨胀型防火涂料。

2）设计耐火极限大于 1.50h 的构件，不宜选用膨胀型防火涂料。

3）室外、半室外钢结构采用膨胀型防火涂料时，应选用符合环境对其性能要求的产品。

4）非膨胀型防火涂料涂层的厚度不应小于 10mm。

5）防火涂料与防腐涂料应相容、匹配。

（2）采用包覆防火板保护时，应符合下列规定：

1）防火板应为不燃材料，且受火时不应出现炸裂和穿透裂缝等现象。

2）防火板的包覆应根据构件形状和所处部位进行构造设计，并应采取确保安装牢固、稳定的措施。

3）固定防火板的龙骨及黏结剂应为不燃材料。龙骨应便于与构件及防火板连接，黏结剂在高温下应能保持一定的强度，并应能保证防火板的包敷完整。

（3）采用包覆柔性毡状隔热材料保护时，应符合下列规定：

1）不应用于易受潮或受水的钢结构。

2）在自重作用下，毡状材料不应发生压缩不均的现象。

（4）采用外包混凝土、金属网抹砂浆或砌筑砌体保护时，应符合下列规定：

1）当采用外包混凝土时，混凝土的强度等级不宜低于 C20。

2）当采用外包金属网抹砂浆时，砂浆的强度等级不宜低于 M5；金属丝网的网格不宜大于 20mm，丝径不宜小于 0.6mm；砂浆最小厚度不宜小于 25mm。

3）当采用砌筑砌体时，砌块的强度等级不宜低于 MU10。

（5）喷涂（抹涂、刷涂）防火涂料发展。在钢构件表面涂覆防火涂料，形成隔热防火保护层，这种方法施工简便、质量轻，且不受钢构件几何形状限制，具有较好的经济性和适应性。长期以来，喷涂防火涂料一直是应用最多的钢结构防火保护手段。早在 20世纪 50 年代欧美、日本等国家就广泛采用防火涂料保护钢结构。20 世纪 80 年代初期，国内开始在一些重要钢结构建筑中采用防火涂料保护，但防火涂料均为进口。1985 年后国内研制了多种钢结构防火涂料，并巳应用于很多重要工程中。为促进钢结构防火涂料生产、应用的标准化和规范化，国家先后颁布实施了 CECS 24：90《钢结构防火涂料应用技术规范》和 GB 14907《钢结构防火涂料》，对促进钢结构防火涂料的开发、应用和质量检测监督产生了显著作用。

（6）防火涂料分类。防火涂料的品种较多，根据高温下涂层变化情况分非膨胀型和膨胀型两大类（见表3-2）；另外，按涂层厚薄、成分、施工方法及性能特征不同可进一步分成不同类别。GB 14907—2002《钢结构防火涂料》根据涂层使用厚度将防火涂料分为超薄型（小于或等于3mm）、薄型（大于3mm，且小于或等于7mm）和厚型（大于7mm）防火涂料3种。

表3-2   防火涂料的分类

类型	代号	涂层特性	主要成分	说明
膨胀型	B	遇火膨胀，形成多空碳化层，涂层厚度一般小于7mm	有机树脂为基料，还有发泡剂、阻燃剂、成炭剂等	又称超薄型、薄型防火涂料
非膨胀型	H	遇火不膨胀，自身有良好的隔热性，涂层厚为7~50mm	无机绝缘材料（如膨胀、飘珠、矿物纤维）为主，还有无机黏结剂等	又称厚型防火涂料

1）非膨胀型防火涂料。国内称厚型防火涂料，其主要成分为无机绝热材料，遇火不膨胀，其防火机理是利用涂层固有的良好的绝热性以及高温下部分成分的蒸发和分解等烧蚀反应而产生的吸热作用，来阻隔和消耗火灾热量向基材的传递，延缓钢构件升温。非膨胀型防火涂料一般不燃、无毒、耐老化，适用于永久性建筑中的钢结构防火保护。非膨胀型防火涂料涂层厚度一般为7~50mm，对应的构件耐火极限可达到0.5~3.0h。

非膨胀型防火涂料可分为两类：一类是以矿物纤维为主要绝热骨料，掺加水泥和少量添加剂、预先在工厂混合而成的防火材料，需采用专用喷涂机械按干法喷涂工艺施工；另一类是以膨胀蛭石、膨胀珍珠岩等颗粒材料为主要绝热骨料的防火涂料，可采用喷涂、抹涂等湿法施工。矿物纤维类防火涂料的隔热性能良好，但表面疏松，只适合于完全封闭的隐蔽工程，另外干式喷涂时容易产生细微纤维粉尘，对施工人员和环境的保护不利。

目前在国内大量推广应用非膨胀型防火涂料主要为湿法施工：一类是以珍珠岩为骨料，水玻璃（或硅溶胶）为黏结剂，属双组分包装涂料，采用喷涂施工；另一类是以膨胀蛭石、珍珠岩为骨料，水泥为黏结剂的单组分包装涂料，到现场只需加水拌匀即可使用，能喷也能抹，手工涂抹施工时涂层表面能达到光滑、平整。水泥系防火涂料中，密度较高的品种具有优良的耐水性和抗冻融性。

2）膨胀型防火涂料。国内称超薄型、薄型防火涂料，其基料为有机树脂，配方中还含有发泡剂、阻燃剂、成炭剂等成分，遇火后自身会发泡膨胀，形成比原涂层厚度大数倍到数十倍的多孔炭质层。多孔炭质层可阻挡外部热源对基材的传热，如同绝热屏障。膨胀型防火涂料在一定程度上可起到防腐中间漆的作用，可在外面直接做防腐面漆，能达到很好的外观效果（在外观要求不是特别高的情况下，某些产品可兼作面漆使用）。采用膨胀型防火涂料时，应特别注意防腐涂料、防火涂料的相容性问题。膨胀型防火涂料在设计耐火极限不高于1.5h时，具有较好的经济性。

目前国际上也有少数膨胀型防火涂料产品，能满足设计耐火极限3.0h的钢构件的防火保护需要，但是其价格较高。膨胀型防火涂料在近20年取得了很大的发展，在钢结构防火保护工程中的市场份额越来越大。

四、 防雷防静电

工艺装置内建筑物、构筑物的防雷措施，应符合 GB 50057《建筑物防雷设计规范》的有关规定。对爆炸、火灾危险场所内可能产生静电危险的设备和管道，均应采取符合 GB 12158《防止静电事故通用导则》的静电接地措施。

（一）防雷

（1）可燃液体储罐的温度、液位等测量装置应采用铠装电缆或钢管配线，电缆外皮或配线钢管与罐体应做电气连接。

（2）接闪器保护范围应包括危险气体、蒸汽放散管、呼吸阀、排风口的管口上方半径 5m 的半球体。有管帽时，根据介质压力计算确定保护半径。

（3）利用金属外壳作为接闪器的生产设备，应在金属外壳底部不少于两处接至接地体。

（4）防雷电感应的接地体，其工频接地电阻不应大于 30Ω，防直击雷的接地体，冲击接地电阻不应大于 10Ω。

（5）罐区金属罐体应作防雷接地，接地点不少于两处，并应沿罐体周边均匀布置，引下线的间距不大于 18m。每根引下线的冲击接地电阻不应大于 10Ω。

（6）对于罐顶装有呼吸阀的储罐，如果呼吸阀不带有阻火器，则不应直接用罐体本身作为接闪器。不带阻火器的呼吸阀时，不应直接用罐体本身作为接闪器。

（7）引下线宜采用圆钢或扁钢，圆钢直径不应小于 8mm，扁钢截面不应小于 $48mm^2$，其厚度不应小于 4mm。

（8）防雷接地引下线必须设计断接卡，断接卡必须暴露在明处，不得埋入水泥中或地下，断接卡必须用 2 个 M10 的螺栓连接并固定。断接卡与接地线不得水平防置在地面上，断接卡距地面高度为 0.3～0.8m。

（二）防静电

（1）汽车罐车、装卸站台应设静电专用接地线。

（2）每组专设的静电接地体的接地电阻值宜小于 100Ω。

（3）氢站、氨区、油区等封闭区域入口应设置人体静电导出装置。

五、 可燃气体和有毒气体检测报警

GB/T 50493—2019《石油化工可燃气体和有毒气体检测报警设计标准》于 2020 年 1 月 1 日起实施，原 GB 50493—2009《石油化工可燃气体和有毒气体检测报警设计规范》同时废止。

（一）质量保证

（1）可燃气体探测器必须取得国家指定机构或其授权检验单位的计量器具型式批准证书、防爆合格证和消防产品型式检测报告。

（2）参与消防联动的报警控制单元应采用取得国家消防电子产品质量监督检验中心型式检测报告的专用可燃气体报警控制器。

（3）国家法规有要求的有毒气体探测器必须取得国家指定机构或其授权检验单位的计量器具型式批准证书。

（4）安装在爆炸危险场所的有毒气体探测器应取得国家指定机构或其授权检验单位的防爆合格证。

（二）可靠性保证

（1）可燃气体和有毒气体检测报警系统应独立于其他系统单独设置。

（2）可燃气体和有毒气体检测报警系统的气体探测器、报警控制单元、现场警报器等的供电负荷，应按一级用电负荷中特别重要的负荷考虑，宜采用 UPS 电源装置供电。

（3）可燃气体和有毒气体检测报警信号应送至有人值守的现场控制室、中心控制室等进行显示报警，可燃气体二级报警信号、可燃气体和有毒气体检测报警系统报警控制单元的故障信号应送至消防控制室。

（4）需要设置可燃气体、有毒气体探测器的场所，宜采用固定式探测器；需要临时检测可燃气体、有毒气体的场所，宜配备移动式气体探测器。

（5）设在爆炸危险区域 2 区范围内的在线分析仪表间，应设可燃气体和（或）有毒气体探测器，并同时设置氧气探测器。

（6）确定有毒气体的职业接触限值时，应按最高容许浓度、时间加权平均容许浓度、短时间接触容许浓度的优先次序选用。

（7）可燃气体探测器参与消防联动时，探测器信号应先送至取得国家消防电子产品质量监督检验中心型式检测报告的专用可燃气体报警控制器，报警信号应由专用可燃气体报警控制器输出至消防控制室的火灾报警控制器。可燃气体报警信号与火灾报警信号在火灾报警控制系统中应有明显区别。

（8）根据 GB 50493《可燃有毒气体报警规范》、GB 50116《火灾自动报警系统设计规范》及《国家安全监管总局关于加强化工安全仪表系统管理的指导意见》（安监总管三〔2014〕116 号）有关规定及要求，可燃气体和有毒气体检测报警系统（GDS）按下列原则进行设计：

1）GDS 应由可燃气体或有毒气体探测器、现场区域警报器和室内报警控制单元等组成。现场有毒气体探测器宜带一体化声光报警器，可燃气体探测器可带一体化声光报警器。

2）报警控制单元应采用独立设置的以微处理器为基础的电子产品（包括独立设置的PLC、专用气体报警控制器、DCS 控制器等）。

3）报警控制单元发出二级报警信号时，应触发安装在现场相应报警分区的区域警报器。

4）可燃气体二级报警信号和报警控制单元的故障信号，应送至消防控制室进行图形显示和报警。可以设置一台独立的显示器。

5）可燃气体探测器参与消防联动时，探测器信号应先送至取得国家消防电子产品质量监督检验中心型式检测报告的专用可燃气体报警控制器，消防联动信号由报警控制器输出至消防控制室的火灾报警控制器，火灾报警控制器实施消防联动功能。可燃气体探测器信号不能直接接入火灾报警控制器的输入回路。

6）可燃气体或有毒气体检测信号作为安全仪表系统（SIS）的输入时，探测器应独立设置，探测器配置应根据安全完整性（SIL）回路定级结果确定，并满足 GB/T 50770《石油化工安全仪表系统设计规范》有关规定。

（三）合理布置

（1）控制室操作区应设置可燃气体和有毒气体（见知识拓展 3-4）声、光报警。

（2）现场区域警报器宜根据装置占地的面积、设备及建（构）筑物的布置、释放源的理化性质和现场空气流动特点进行设置，现场区域警报器应有声、光报警功能。

（3）检测比空气（见知识拓展 3-5）重的可燃气体或有毒气体时，探测器的安装高度宜距地坪（或楼地板）0.3～0.6m；检测比空气轻的可燃气体或有毒气体时，探测器的安装高度宜在释放源上方 2m 内。检测比空气略重的可燃气体或有毒气体时，探测器的安装高度宜在释放源下方 0.5～1m；检测比空气略轻的可燃气体或有毒气体时，探测器的安装高度宜高出释放源 0.5～1m。

（4）气体压缩机和液体泵的动密封、液体采样口和气体采样口、液体/气体排液（水）口和放空口、经常拆卸的法兰和经常操作的阀门等可燃气体和（或）有毒气体释放源周围应布置检测点。

（5）液化烃、甲 B、乙 A 类液体等产生可燃气体的液体储罐的防火堤内，应设探测器。可燃气体探测器距其所覆盖范围内的任一释放源的水平距离不宜大于 10m，有毒气体探测器距其所覆盖范围内的任一释放源的水平距离不宜大于 4m。

📖 **知识拓展 3-4**

有毒气体

指劳动者在职业活动中，通过皮肤接触或呼吸可导致死亡或永久性伤害的毒性气体或毒性蒸气。

📖 **知识拓展 3-5**

泄漏气体介质与空气比较判断

判别泄漏气体介质是否比空气重，应以泄漏气体介质的分子量与环境空气的分子量的比值 k 为基准。

（1）$k \geqslant 1.2$，泄漏介质重于空气。

（2）$1.0 \leqslant k < 1.2$，泄漏介质略重于空气。

（3）$0.8 < k < 1.0$，泄漏介质略轻于空气。

（4）$k \leqslant 0.8$，泄漏介质轻于空气。

（四）合理设置

（1）可燃气体和有毒气体的检测报警应采用两级报警。同级别的有毒气体和可燃气体同时报警时，有毒气体的报警级别应优先。

（2）区域警报器的报警信号声级应高于 110dB（A）［GB 50493—2009 为 105dB（A）］，但距警报器 1m 处总声压值不得高于 120dB（A）。

（3）在生产或使用可燃气体及有毒气体的生产设施及储运设施的区域内，泄漏气体中可燃气体浓度可能达到报警设定值时，应设置可燃气体探测器；泄漏气体中有毒气体浓度可能达到报警设定值时，应设置有毒气体探测器；既属于可燃气体又属于有毒气体的单组分气体介质，只设有毒气体探测器；可燃气体与有毒气体同时存在的多组分混合气体，泄漏时可燃气体浓度和有毒气体浓度有可能同时达到报警设定值，应分别设置可燃气体及有毒气体探测器。

（4）进入爆炸性气体环境和（或）有毒气体环境的现场工作人员，应配备便携式可燃气体和（或）有毒气体探测器。进入的环境同时存在爆炸性气体和有毒气体时，便携式可燃气体和有毒气体探测器可采用多传感器类型。

第二节　重点危险化学品（区域）安全设计

一、化验室设计

（1）有可燃气体产生的化验室不应设吊顶。

（2）工作区和办公休息区应隔开设置。

（3）化验室的门应向疏散方向开启且采用平开门，不应采用推拉门、卷帘门。

（4）化验室建筑设施及其他安全、防护、疏散要求符合 JGJ91《科研建筑设计标准》和 GB 50016《建筑设计防火规范》的规定。

（5）危险化学品储存柜设置应避免阳光直晒及靠近暖气等热源，保持通风良好，不宜贴邻试验台设置，也不应放置于地下室。

（6）使用气体的化验室，应设通风机，宜配备氧气含量测报仪。

（7）在可能散发可燃气体、可燃蒸汽的实验室，应配备防爆型电气设备，并应设可燃气体测爆仪，且与风机联锁。

（8）使用气体应配置气瓶柜或气瓶防倒链、防倒栏栅等设备。宜将气瓶设置在实验室外避雨通风的安全区域，同时使用后的残气（或尾气）应通过管道引至室外安全区域排放。

（9）在化验室适当处设置应急喷淋器。

（10）在试验台附近应设置紧急洗眼器。

（11）在明显和便于取用的位置定位设置消防器材，包括灭火器、灭火毯、砂箱、消防铲及其他必要的消防器材。

（12）灭火器的类型和数量的配置应符合 GB 50140《建筑灭火器配置设计规范》。

（13）应在化验室内方便取用的地点设置急救箱或急救包，配备内容根据实际参考 GBZ 1《工业企业设计卫生标准》确定。

（14）为作业人员配备符合 GB/T 29510《个体防护装备配备基本要求》的个体防护装备。

二、酸碱区设计

（一）布局

（1）酸、碱储存和计量区域必须设置安全通道、淋浴装置、围堰等安全防护设施。

（2）禁止在跨越人行道处设置法兰。

（3）化学加药设备应布置在单独房间内。

（4）加药间应有适当面积的药品储存区域或设置单独的药品储存房间。

（5）化学加药装置与水汽取样监测装置宜相对集中布置。

（二）装卸

（1）装卸浓酸、碱液体宜采用泵输送或重力自流，不应采用压缩空气压送。

（2）当采用固体碱时，应有起吊设施和溶解装置，溶解装置宜采用不锈钢材质。

（3）酸碱卸车接头处宜设置集液槽，集液槽能导向污水处理池。

（4）采用铁路运输时，宜在厂区铁路附近设置储存、转运设施。

（三）储存

（1）浓酸、浓碱储存设备应有防止低温凝固的措施。

（2）盐酸储存罐及计量箱的排气应引至酸雾吸收装置，浓硫酸储存罐排气口应设置除湿器，碱储存罐和计量箱排气口宜设置二氧化碳吸收器。

（3）酸、碱储存和计量区域的围堰内容积应大于最大一台储存设备的容积，当围堰有排放措施时可适当减小其容积。

（四）使用

（1）液位计底部应设排液阀门，便于检修时安全排料。

（2）火力发电厂加药设备宜布置在主厂房零米层，核电厂加药设备宜布置在常规岛厂房的基准层。

（五）安全设施

（1）化学车间加药间、酸碱库内应有喷淋装置。

（2）加药设备周围应有围堰，并应设冲洗设施。

（3）化学车间酸库应设置酸雾吸收装置，所有酸溶液箱、罐的排气必须经过酸雾吸收装置进行排放。

（4）酸碱等有腐蚀性介质储罐的玻璃液位管，应装金属防护罩。

三、氢站设计

发电厂制氢系统宜采用水电解工艺，外购氢气一般采用氢气钢瓶集装格供氢。制氢和供氢系统应按照火灾危险性甲类可燃气体标准设计。

（一）术语

（1）供氢站：汇流排间、实瓶间和空瓶间的统称。

（2）供氢装置（或称供氢系统）：储存及输送氢气的设备、管道和附件的组合体。

（3）气瓶：空瓶和实瓶的统称。

（4）实瓶：在一定充灌压力下的气瓶，一般以 40L 水容量、$150kg/cm^2$ 压力计算。

（5）空瓶：无压力或在一定残余压力下的气瓶。

（6）集装瓶：用框架固定的若干气瓶的组合单元。

（7）放空管：向大气中直接排放氢气的设施。

（8）阻火器：防止氢气回火的一种安全装置。

（9）含湿氢气：具有一定相对湿度，且在输送过程中能达到饱和并析出水分的氢气。

（10）明火地点：室内外有外露火焰或赤热表面的固定地点。

（11）散发火花地点：有飞火的烟囱或室外的砂轮、电焊、气焊和电气开关等固定地点。

（二）平面布置要求

（1）宜布置在工厂常年最小频率风向的下风侧，并应远离有明火或散发火花的地点。

（2）不得布置在人员密集地段和交通要道邻近处。

（3）供氢站宜布置在厂区的边缘，车辆出入方便的地段，并尽可能靠近主要用氢地点。

（4）氢气罐或罐区之间的防火间距，应符合 GB 50177《氢气站设计规范》规定，具体如下：

1）湿式氢气罐（柜）之间的防火间距，不应小于相邻较大的半径。

2）卧式氢气罐之间的防火间距，不应小于相邻较大罐直径的 2/3；立式罐之间、球形罐之间的防火间距不应小于相邻较大罐的直径。

3）卧式、立式、球形罐与湿式（柜）之间的防火间距不应小于相邻较大罐的直径。

4）一组卧式、立式或球形罐的总容积不应超过 30 000m³。罐组间的防火间距，卧式氢气罐不应小于相邻较大罐高度的一半；立式、球形不应小于相邻较大的直径，并不应小于 10m。

（5）供氢站、氢气罐应为独立的建（构）筑物。

（6）宜设置不燃烧体的实体围墙。

（7）供氢站、实瓶间、空瓶间宜布置在厂房的边缘部分。

（三）汇流排间、空瓶间和实瓶间的布置

（1）汇流排间、空瓶间和实瓶间应分别设置（集装瓶站房除外）。若空瓶和实瓶储存在封闭或半敞开式建筑物内，汇流排间应通过门洞与空瓶间或实瓶间相通，但各自应有独立的出入口。

（2）当实瓶数量不超过 60 瓶时，空瓶、实瓶和汇流排可布置在同一房间内，但实瓶、空瓶应分别存放，且实瓶与空瓶之间的间距不小于 0.3m。空（实）瓶与汇流排之间的净距不宜小于 2m。

（3）汇流排间、空瓶间和实瓶间不应与仪表室、配电室和生活间直接相通，应用无门、窗、洞的防火墙隔开。如需连通，应设双门斗间，门采用自动关闭（如弹簧门），且耐火极限不低于 0.9h 的防火门。

（4）空瓶间和实瓶间应有支架、栅栏等防止倒瓶的设施。

（5）汇流排间、空瓶间和实瓶间内通道的净宽应根据气瓶的搬运方式确定，一般不宜小于 1.5m。

（6）汇流排间应尽量宽敞。汇流排宜靠墙布置，并设固定气瓶的框架。

（7）实瓶间应有遮阳措施，防止阳光直射气瓶。

（8）空瓶间和实瓶间应设气瓶装卸平台。平台的高度由气瓶运输工具确定，一般高出室外地坪 0.4~1.1m，平台的高度为 1.5~2m。平台上的雨篷和支撑应采用非燃材料。

（四）供氢站内设施设计

（1）氢气瓶的设计、制造和检验应符合《气瓶安全监察规程》的要求。

（2）集装瓶每单元总重不得超过2t。集装夹具、吊环的安全系数不得小于9。气瓶、管路、阀门和接头应予以固定，不得松动位移，管路和阀门应有防止碰撞的防护装置。总管路应有两只阀门串联，每组气瓶应有分阀门。

（3）固定容积储气罐应设放空阀，安全阀和压力表。凡最高工作压力大于或等于 $9.8×10^4$ Pa时，其设计、制造和检验应符合《压力容器安全监察规程》的要求。储气罐的基础和支承必须牢固，且为非燃烧体。储气罐的地面应高于相邻散发可燃气体、可燃蒸气的甲类和乙类生产单元的地面，否则应设高度不低于1m的实体围墙予以隔离。

（4）管道和附件应选用符合国家标准规格的产品，并应适合氢气工作压力、温度的要求。管道上应设放空管、取样口和吹扫口，其位置应能满足管道内气体吹扫、置换的要求。当氢气作焊接、切割、燃料和保护气等使用时，每台（组）用氢设备的支管上应设阻火器。

（5）供氢站房顶应做成平面结构，防止出现积聚氢气的死角。

（6）室内必须通风良好，保证空气中氢气最高含量不超过1%（体积比）。建筑物顶部或外墙的上部设气窗（楼）或排气孔。排气孔应朝向安全地带，室内换气次数每小时不得小于3次，事故通风每小时换气次数不得小于7次。

（五）氢气储存容器安全设施

（1）应设有安全泄压装置，如安全阀等。

（2）氢气储存容器顶部最高点宜设氢气排放管。

（3）应设压力监测仪表。

（4）应设惰性气体吹扫置换接口。惰性气体和氢气管线连接部位宜设计成"两截一放阀"或安装"8字"盲环板。

（5）氢气储存容器底部最低点宜设排污口。

（6）氢气储存容器周固环境温度不应超过50℃，储存场所及周边应设计安装消防水系统。

（7）氢气罐应安装放空、压力表、安全阀。立式或卧式变压定容积氢气罐安全阀宜设置在容器便于操作位置，且宜安装两台相同泄放量且可并联或切换的安全阀，以确保安全阀检验时不影响罐内的氢气使用。

（8）氢气系统可根据工艺需要设置气体过滤装置、在线氢气泄漏报警仪表、在线氢气纯度仪表、在线氢气湿度仪表等。

（六）管道敷设

（1）氢气管道宜采用架空敷设，其支架应为非燃烧体。架空管道不应与电缆、导电线敷设在同一支架上。

（2）氢气管道与燃气管道、氧气管道平行敷设时，中间宜有不燃物料将管道隔开，或净距不小于250mm。分层敷设时，氢气管道应位于上方。

（3）室内管道不应敷设在地沟中或直接埋地，室外地沟敷设的管道，应有防止氢气泄漏、积聚或窜入其他沟道的措施。埋地敷设的管道埋深不宜小于0.7m。含湿氢气的管道应敷设在冰冻层以下。

（4）管道穿过墙壁或楼板处，应设套管。套管内的管段不应有焊缝，管道和套管之间应用不燃材料填塞。

(5) 管道应避免穿过地沟、下水道及铁路汽车道路等，当必须穿过时应设套管。

(6) 管道不得穿过生活间、办公室、配电室、仪表室、楼梯间和其他不使用氢气的房间。不宜穿过吊顶、技术（夹）层，当必须穿过吊顶或技术（夹）层时，应采取安全措施。

(7) 室内外架空或埋地敷设的管道和汇流排及其连接的气瓶均应互相跨接和接地。

(8) 室内外架空或埋地敷设的氢气管道和汇流排及其连接的法兰间宜互相跨接和接地。氢气设备与管道上的法兰间的跨接电阻应小于 0.03Ω。

(9) 氢气管道应采用无缝金属管道，禁止采用铸铁管道，管道的连接应采用焊接或其他有效防止氢气泄漏的连接方式。管道应采用密封性能好的阀门和附件，管道上的阀门宜采用球阀、截止阀。管道之间不宜采用螺纹密封连接，氢气管道与附件连接的密封垫，应采用不锈钢、有色金属、聚四氯乙烯或氟橡胶材料，禁止用生料带或其他绝缘材料作为连接密封手段。

(10) 氢气管道应设置分析取样口、吹扫口，其位置应能满足氢气管道内气体取样、吹扫、置换要求；最高点应设置排放管，并在管口处设阻火器；湿氢管道上最低点应设排水装置。

（七）放空管

(1) 氢气罐放空阀、安全和置换排放管道系统均应设排放管，并应连接装有阻火器或有蒸汽稀释、氮气密封、末端设置火炬燃烧的总排放管。

(2) 氢气排放管应采用金属材料，不得使用塑料管或橡皮管。

(3) 氢气贮罐的放空阀、安全阀和管道系统均应设放空管。

(4) 放空管应设阻火器，阻火器应设在管口处。凡条件允许，可与灭火蒸汽或惰性气体管线连接，以防着火。

(5) 室内放空管的出口，应高出屋顶2m以上。室外设备的放空管应高于附近有人操作的最高设备2m以上。

(6) 放空管应采取静电接地，并在避雷保护范围之内。

(7) 应有防止雨雪侵入和外来异物堵塞放空管的措施。

(8) 氢气排放口垂直设置。当排放含饱和水蒸气的氢气（产生两相流）时，在排放管内应引入一定量的惰性气体或设置静电消除装置，保证排放安全。

(9) 排放管应有防止空气回流的措施。

（八）防火防爆

(1) 供氢站应采用独立的单层建筑，其耐火等级不应低于二级。

(2) 不得在建筑物的地下室、半地下室设供氢站。

(3) 当实瓶数量不超过60瓶时，可与耐火等级不低于二级的用氢厂房或耐火等级不低于二级的非明火作业的丁、戊类厂房毗连，但毗连的墙应为无门、窗、洞的防火墙。

(4) 供氢站平面布置应保留符合规范的防火间距。

1) 氢气站、供氢站、氢气罐与次要道路和围墙的防火间距不应小于5m，与主要道路的防火间距不应小于10m。具体可查阅 GB 50117—2005《氢气站设计规范》中表3.03。

2）氢气站、供氢站、氢气罐与一、二级建（构）筑物的防火间距不应小于 12m。具体可查阅 GB 50117—2005《氢气站设计规范》中表 3.02。

3）氢气站、供氢站、氢气罐与架空电力线距离大于或等于 1.5 倍电杆高度。

（5）供氢站厂房的防爆设计应符合 GB 50016《建筑设计防火规范》的有关规定。其中泄压比不应小于 0.25。

（6）供氢站屋架下弦的高度不宜小于 4m（集装瓶站房的高度不宜小于 6m）。

（7）地坪尽可能做到平整、耐磨、不发火花，且与装卸平台等高。

（8）集装瓶站房起重设施应具有防爆性能。

（9）供氢站应有防雷措施。

（10）供氢站周围设置禁火标志。

（11）供氢站应设置消防用水，配备轻便灭火器材或氮气、蒸汽灭火系统。

（12）设氢气检漏报警装置，并应与相应的事故排风机联锁，当空气中氢气浓度达到 0.4%（体积比）时，事故排风机应能自动开启。

（13）有爆炸危险房间的照明应采用防爆灯具，其光源宜采用荧光灯等高效光源。灯具宜装在较低处，并不得装在氢气释放源的正上方，氢气站内宜设置应急照明。

（14）储氢罐周围（一般在 10m 以内）应设有围栏，在制氢室中和发电机的附近，应备有必要的消防设备。

（15）门窗应有防止产生静电、火花的措施，门应向外开。

（16）氢气罐应采用承载力强的钢筋混凝土基础，其载荷应考虑做水压实验的水容积质量。氢气罐的地面应不低于相邻散发可燃气体、可燃蒸气的甲、乙类生产单元的地面，或设高度不低于 1m 的实体围墙予以隔离。

（17）氢气罐应有静电接地设施。

（18）采用机械通风的建筑物，进风口应设在建筑物下方，排风口设在上方。

（19）氢气有可能积聚处或氢气浓度可能增加处，宜设置固定式可燃气体检测报警仪，可燃气体检测报警仪应设在监测点（释放源）上方或厂房顶端，其安装高度宜高出释放源 0.5～2m，且周围留有不小于 0.3m 的净空，以便对氢气浓度进行监测。可燃气体检测报警仪的有效覆盖水平平面半径，室内宜为 7.5m，室外宜为 15m。

（20）电气设备选型、配线和接地应符合国家《爆炸危险场所电气安全规程》的有关规定。爆炸危险区域内电气设备应符合 GB 3836.1《爆炸性环境 第 1 部分：设备 通用要求》和 GB 50058《爆炸危险环境电力装置设计规范》，防爆等级应为 Ⅱ 类、C 级、T1 组；需要在爆炸危险区域使用非防爆设备时应采取隔爆措施。

（21）在氢气管道与其相连的装置、设备之间应安装止回阀，界区间阀门宜设置有效隔离措施，防止来自装置、设备的外部火焰回火至氢气系统。

四、氨区设计

（一）平面布置

（1）宜布置在通风条件良好、人员活动较少且运输方便的安全地带，不宜布置在厂前建筑区和主厂房区内。

（2）液氨区应布置在厂区边缘且处于全年最小频率风向的上风侧。

（3）液氨区宜布置在明火或散发火花地点的全年最小频率风向的上风侧，对位于山区或丘陵地区的电厂，液氨区不应布置在窝风地段。

（4）液氨区宜远离厂内湿式冷却塔布置，并宜布置在湿式冷却塔全年最小频率风向的上风侧。

（5）液氨区与循环水系统冷却塔相邻布置时，液氨储罐与循环水系统冷却塔的防火间距不应小于 30m。液氨储罐与辅机冷却水系统冷却塔的防火间距不应小于 25m。

（6）液氨设备的布置应便于操作、通风排毒和事故处理，同时必须留有足够宽度的操作面和安全疏散通道。

（二）消防安全

（1）液氨区应单独布置，满足防火、防爆要求。

（2）氨区内道路应采用现浇混凝土地面，并宜采用不产生火花的路面材料。

（3）液氨卸料、储存及氨气装备区域，防雷应采用独立避雷针保护，并应采取防止雷电感应的措施，接地材质应考虑相应的防腐措施。

（4）液氨区周围应设置环形消防车道。当设置环形消防车道有困难时，可延长边设置尽端式消防车道，并应设置回车道或回车场。

（5）液氨储罐区应设置室外消火栓灭火系统，消火栓间距不宜超过 60m，数量不少于两只，每只室外消防栓应有两个 DN65 内扣式接口。

（6）氨区宜设置消防水炮，消防水炮采用直流/喷雾两用，能够上下、左右调节，位置和数量以覆盖可能泄漏点确定。

（7）消防栓应设置在防火堤或防护墙外。距罐壁 15m 范围内的消火栓，不应计算在该罐可使用的数量内。

（8）氨区周围道路必须畅通，以确保消防车能正常作业。氨气输送管道及其桁架跨厂内道路的净空高度不应小于 5m，桁架处应设醒目的交通限高标志。

（9）氨区应符合火灾危险性乙类要求。

（10）氨区应设置用于消防灭火和液氨泄漏稀释吸收的消防喷淋系统。消防喷淋系统应综合考虑氨泄漏后的稀释用水量，并满足消防喷淋强度要求，其喷淋管按环型布置，喷头应采用实心锥型开式喷嘴。防喷淋系统不能满足稀释用水量的，应在可能出现泄漏点较为集中的区域增设稀释喷淋管道。

（11）氨区应配备适合的消防器材和泄漏处置应急设施。并设置"严禁烟火""液氨有毒""注意防护""易燃易爆"等明显的安全（及职业病危害）警示标志。氨区内应保持清洁、无杂草，不得储存其他易燃品或堆放杂物。

（12）氨气管道跨越厂区道路时，路面以上净空高度不应小于 5.0m。跨越储氨区内道路时，路面以上的净空高度不应小于 4.5m。

（三）防爆

（1）氨区及输氨管道法兰、阀门连接处应装设金属跨接线。

（2）易发生液氨或者氨气泄漏的区域应设置必要的检测设备和水喷雾系统。

（3）电气设备应满足 GB 50058《爆炸和火灾危险环境电力装置设计规范》，符合防爆要求。

（4）氨区应设置避雷保护装置，并采取防止静电感应的措施，储罐以及氨管道系统应可靠接地。液氨储罐应有两点接地的静电接地设施。

（5）氨区大门入口处应装设静电释放装置。静电释放装置地面以上部分高度宜为1.0m，底座应与氨区接地网干线可靠连接。

（6）氨区30m范围内属于静电导体的物体必须接地。

（7）氨区应装设液氨储罐内温度和压力高报警等装置。

（8）氨区应设有氨气浓度检测器，具备远传和就地警报功能。

（9）氨区应装设液氨储罐降温淋水系统、消防喷淋系统。

（10）储罐区宜设置遮阳棚等防晒措施，每个储罐应单独设置用于罐体表面温度冷却的降温喷淋系统。喷淋强度根据当地环境温度、储罐布置、装载系数和液氨压力等因素确定。

（11）储罐应设有必要的安全自动装置，当储罐温度和压力超过设定值时启动降温喷淋系统；储罐压力和液位超过设定值时切断进料；液氨泄漏检测超过设定值时启动消防喷淋系统。

（四）监控系统

（1）液氨储罐应设液位计、压力表、温度计、安全阀等监测装置。

（2）氨区应设置能覆盖生产区的视频监视系统，视频监视系统应传输到本单位控制室（或值班室）。

（3）氨区应设置事故报警系统和氨气泄漏检测装置。氨气泄漏检测装置应覆盖生产区并具有远传、就地报警功能。

（4）安全自动装置应采用保安电源或 UPS 供电。

（5）设置必要数量的风向标。

（6）可燃气及有毒气体浓度报警器的安装高度，应按探测介质的比重以及周围状况等因素确定。当被监测气体的比重小于空气的比重时，可燃气体监测探头的安装位置应高于泄漏源0.5m以上；被监测气体的比重大于空气的比重时，安装位置应在泄漏源下方，但距离地面不得小于0.3m。

（五）设备安全

（1）月平均气温小于−20℃的地区、液氨储罐钢板厚度在6～60mm之间的容器，应选用 16MnDR（即 16 锰低温容器钢）。

（2）当最低设计温度小于或等于−20℃时，管道宜选用不锈钢，法兰为不锈钢，带颈对焊突面法兰，阀门采用不锈钢，螺栓、螺母采用 35CrMo 或不锈钢。

（3）氨区所有电气设备均应选用相应等级的防爆电气设备。由于氨对铜有腐蚀作用，凡有氨存在的设备、管道系统不得有铜和铜合金材质的配件。

（4）液氨介质管道使用灰铸铁材料阀门时，其适用的公称压力不得大于 1.0MPa，温度不得低于−10℃。

（5）与储罐相连的管道、法兰、阀门、仪表等宜按表 3-3 选择，并考虑相应的防腐蚀措施。

表 3 - 3 液氨罐区管件材质选用

序号	名称	最低设计温度（℃）	
		>-20	$\leqslant -20$
1	管道	20 号钢或不锈钢	不锈钢
2	法兰	20 号钢或不锈钢，带颈对焊突面法兰	不锈钢，带颈对焊突面法兰
3	氨用阀门	不锈钢	
4	密封垫片	不锈钢缠绕石墨或聚四氟乙烯垫片	
5	螺栓、螺母	35CrMo 或不锈钢	
6	仪表	氨专用仪表	

（6）海边露天布置的储罐防腐蚀措施除锈等级达到 SA2.5 级（见知识拓展 3 - 6）——非常彻底的喷砂或抛丸除锈，再涂刷船舶油漆。

（7）生产区应符合抗震重点设防类标准（见知识拓展 3 - 7）和要求。

（8）液氨卸料、储存及供应系统应保持严密性，并设置沉降观测点。

知识拓展 3-6

除 锈 分 级

除锈等级规范参见 GB 8923《涂装前钢材表面锈蚀和除锈等级》。

1. 喷射或抛射除锈

用 Sa 表示，可以分为 4 个等级：

（1）Sa1 级：轻度喷砂除锈。表面应该没有可见的污物、油脂和附着不牢的氧化皮、油漆涂层、铁锈和杂质等。

（2）Sa2 级：彻底的喷砂除锈。表面应无可见的油脂、污物、氧化皮、铁锈，漆涂层和杂质基本清除，残留物应附着牢固。

（3）Sa2.5 级：非常彻底的喷砂除锈。表面没有可见的油脂、氧化皮、污物、油漆涂层和杂质，残留物痕迹仅显示条纹状的轻微色斑或点状。

（4）Sa3 级：喷砂除锈至钢材表面洁净。表面没有可见的油脂、污物、氧化皮、铁锈、油漆涂层和杂质，表面具有均匀的金属色泽。

2. 动力工具和手工除锈

用 St 表示，分为两个等级：

（1）St2：彻底手工和动力工具除锈。钢材表面没有可见油脂和污垢，没有附着不牢的氧化皮、铁锈或油漆涂层等附着物。

（2）St3：非常彻底手工和动力工具除锈。钢材表面应无可见油脂和污垢，并且无附着不牢的铁锈、氧化皮或油漆涂层等；并且比 St2 除锈更彻底，底材显露部分的表面有金属光泽。

建筑工程防震等级分类

根据 GB 50223《建筑抗震设防分类标准》，建筑工程分为 4 个抗震设防类别：

（1）特殊设防类：指使用上有特殊设施，涉及国家公共安全的重大建筑工程和地震时可能发生严重次生灾害等特别重大灾害后果，需要进行特殊设防的建筑。简称甲类。

（2）重点设防类：指地震时使用功能不能中断或需尽快恢复的生命线相关建筑，以及地震时可能导致大量人员伤亡等重大灾害后果，需要提高设防标准的建筑。简称乙类。

（3）标准设防类：指大量的除其他三类以外按标准要求进行设防的建筑。简称丙类。

（4）适度设防类：指使用上人员稀少且震损不致产生次生灾害，允许在一定条件下适度降低要求的建筑。简称丁类。

（六）防护墙

（1）液氨储罐四周应设高度为 1.0m（见知识拓展 3-8）的不燃烧体实体防火堤（以墙内设计地坪标高为准）。

（2）液氨储存区应设置不低于 2.2m 高的非燃烧体实体围墙。

（3）储罐区应设置防火堤，其有效容积应不小于储罐组内最大储罐的容量，并在不同方位上设置不少于 2 处越堤人行踏步或坡道。

（4）与液氨储罐相连的管道、法兰、阀门、仪表等宜在储罐顶部及一侧集中布置，且处于防火堤内。

（5）液氨储罐应设应急收集池。

关于液氨罐区防火堤高度确定

（1）根据 GB 50160—2014《石油化工企业设计防火规范》第 6.3.5 防火堤及隔堤的设置应符合下列规定：

1）液化烃全压力式或半冷冻式储罐组宜设不高于 0.6m 的防火堤，防火堤内堤脚线距储罐不应小于 3m，堤内应采用现浇混凝土地面，并应坡向外侧，防火堤内的隔堤不宜高于 0.3m。

2）相对应的条文说明解释其目的：

a. 作为限界防止无关人员进入罐组；

b. 防火堤较低，对少量泄漏的液化烃气体便于扩散；

c. 一旦泄漏量较多，堤内必有部分液化烃积聚，可由堤内设置的可燃气体浓度报警器报警，有利于及时发现，及时处理。

（2）《山东省液氨储存与装卸安全生产技术规范（试行）》第三十九条规定，液氨储罐组或储罐区四周应设置高度不小于 1.0m 的不燃烧实体防火堤，防火堤的设置应符合下列规定：

1）防火堤的有效容量不应小于其中最大储罐的容量，低温液氨储罐防火堤内有效容积应为一个最大储罐容积的 60%。

2）防火堤的设计高度应为 1.0～2.2m，防火堤设计高度应比计算高度高出 0.2m，隔堤高度应比防火堤低 0.2～0.3m。

（3）DL/T 5480《火力发电厂烟气脱硝设计技术规程》规定：液氨储罐四周应设高度为 1.0m 的不燃烧体实体防火堤（以墙内设计地坪标高为准）。

（4）综合分析认为 GB 50160《石油化工企业设计防火规范》的规定更科学，建议采用不高于 0.6m。

（七）储罐

（1）储罐应设置梯子和平台，当梯高大于 8m 时，宜设置梯间休息平台。

（2）储罐的罐顶沿圆周应设置整圈护栏及平台，通往操作区域的走道宜设置防滑踏步，踏步至少一侧宜设栏杆和扶手，罐顶中心操作区域应设置护栏和防滑踏步。

（3）储罐的相关作业区应设置消除人体静电的装置。包括储罐的上罐扶梯入口处，罐顶平台或浮顶上取样口的两侧 1.5m 之外应各设一组消除人体静电设施。

（4）固定顶储罐的通气管或呼吸阀上应设阻火器。采用气体密封的储罐上经常与大气相通的管道应设阻火器。

（5）大型储罐应设置电视监视系统，对储罐重点防火部位进行监视。电视监视系统应与火灾自动报警系统联动。

（八）应急

（1）氨区内应备有洗眼器、快速冲洗装置，其防护半径不宜大于 15m。并同时配备急救药品、正压式呼吸器和劳动防护用品等。

（2）氨区应设置风向标，其位置应设在本厂职工和附近居民容易看到的高处。应设置事故警报系统，一旦发生紧急情况，向周边 500m 内存在的居民发出报警，通过该系统能及时向企业内部和周边群众进行紧急疏散，避免事故扩大。

（3）氨区应设置两个及以上不同方向的安全出口，以利危险情况下作业人员的安全疏散。

（4）生产区应设置两个及以上对角或对向布置的安全出口。安全出口门应向外开，以便危险情况下人员安全疏散。

（5）氨区应设置洗眼器等冲洗装置，水源宜采用生活水，防护半径不宜大于 15m。洗眼器应定期放水冲洗管路，保证水质，并做好防冻措施。

（九）其他

（1）卸氨区应装设万向充装系统用于接卸液氨，禁止使用软管接卸。万向充装系统应使用干式快速接头，周围设置防撞设施。

（2）氨区气动阀门应采用故障安全型执行机构，储罐氨进、出口阀门应具有远程快关功能。

（3）氨区废水必须经过处理达到国家环保标准，严禁直接对外排放。

（4）氨区入口应设置明显的职业危害告知牌和安全标志标识。职业危害告知牌应注明氨物理和化学特性、危害防护、处置措施、报警电话等内容。

五、 油区设计

(一)安全距离

(1) 发电厂内应划定油区。油区周围必须设置围墙,其高度不低于2m。

(2) 从油罐区或油品装卸区算起,至架空电力线路的安全距离为1.5倍杆高。

(3) 储油罐间防火距离符合表3-4、表3-5要求。

表3-4　　　　　　　　　　　　油区内油罐壁间的防火距离

油罐形式	地上式	半地上式	地下式
易燃油（闪点45℃以下）	D	$0.75D$	$0.5D$
可燃油（闪点45℃以上）	$0.75D$	$0.5D$	$0.4D$

注　1. D 为两相邻油罐中较大的油罐直径,m。

2. 不同性质的燃油,不同形式油罐之间的防火间距,应采用表中数值中的较大值。

3. 浮顶油罐之间或闪点大于120℃的可燃油罐之间的防火间距,可按表中数据的规定减少25%。

4. 直径大于30m的地下易燃油罐之间的防火间距为15m,直径大于25m的地下可燃油罐之间的防火间距为10m。

表3-5　　　　　　　　　　易燃油、可燃油的储罐与周围建筑物的防火间距

名称	一个油罐区的总储量（m³）	防火间距（m）		
		耐火等级		
		一、二级	三级	四级
易燃油	1～50	12	15	20
	51～200	15	20	25
	201～1000	20	25	30
	1001～5000	25	30	40
可燃油	5～250	12	15	20
	251～1000	15	20	25
	1001～5000	20	25	30
	5001～25000	25	30	40

注　1. 防火间距应从距建筑物最近的储罐外壁算起,但防火堤外侧基脚线至建筑物的距离应不小于10m。

2. 浮顶油罐或闪点大于120℃的可燃油罐之间的防火间距,可按表中数据的规定减少25%。

3. 一个单位如有几个储罐区时,储罐区之间的防火间距应不小于表中相应储量四级建筑的较大值。

(二)消防要求

(1) 新建、扩建和改建的油区设计和施工必须符合 GB 50016《建筑设计防火规范》、GB 50074《石油库设计规范》及有关规定,油区投入生产前应经当地消防部门验收合格。

(2) 油区周围必须设有环形消防通道。没有环形通道的,通道尽头必须设有回车场,通道应保持畅通。消防车道的净空高度不应小于5.0m。

(3) 火灾时需要操作的消防阀门不应设在防火堤内。

(4) 消防阀门与对应的着火储罐罐壁的距离不应小于15m。

(5) 汽车、火车卸油平台醒目位置应装设"禁止烟火"标志牌。

（6）泡沫液管道应采用不锈钢管。

（7）电力线路必须是暗线或电缆，不准有架空线。

（8）油区内应保持清洁，无杂草、树木等易燃物品，无油污，不准储存其他易燃物品和堆放杂物，不准塔建临时建筑。

（9）油区内设置符合规范的消防设施和消防器材，并完好备用。

（10）油区宜安装在线消防报警装置。

（11）在寒冷季节有冰冻地区，泡沫灭火系统的湿式管道应采取防冻措施。

（12）油区的一切电气、通信设施（如开关、隔离开关、照明灯、电动机、电铃、电话、自启动仪表触点等）均应为防爆型；当储存、使用油品为闪点不小于60℃的可燃油品时，配电间、控制操作间的电气和通信设施可以不使用防爆型，但设施的选用应符合 GB 50058《爆炸危险环境电力装置设计规范》，同时配电间、控制操作间建筑设计应符合 GB 50074《石油库设计规范》。

（13）油罐的顶部应装有呼吸阀或透气孔。储存轻柴油、汽油、煤油、原油的油罐应装呼吸阀；储存重柴油、燃料油、润滑油的油罐应装透气孔和阻火器。

（三）防爆

（1）燃油设施区应单独布置，燃油设施区应设置1.8m高围栏。

（2）石油库钢储罐，不应装设接闪杆（网），但应做防雷接地。

（3）卸油区及油罐区必须有避雷装置和接地装置。燃油罐接地线和电气设备接地线应分别装设。

（4）输油管道应有明显的接地点。燃油管道法兰应用金属导体跨接牢固，热力管道尽可能布置在燃油管道的上方。

（5）油泵房的门外，储罐的上罐扶梯入口处、装卸作业区内操作平台的扶梯入口处，应设置人体静电释放装置。

（6）油泵房及油罐区禁止采用皮带传动装置，以免产生静电引起火灾。

（四）监测报警

监测探头的安装位置应在泄漏源上方，且高于地面0.3m以上。

（五）防火堤

（1）防火堤、防护墙应采用不燃烧材料建造，且必须密实、闭合、不泄漏。

（2）进出储罐组的各类管线、电缆应从防火堤、防护墙顶部跨越或从地面以下穿过。当必须穿过防火堤、防护墙时，应设置套管并采用不燃烧材料严密密封，或采用固定短管且两端采用软管密封连接方式。

（3）钢筋混凝土防火堤的堤身及基础底板的厚度应由强度及稳定性计算确定且不应小于250mm。

（4）燃油区的一切设施（如开关、照明灯、电动机、空调机、电话、门窗、计算机、手电筒、电铃、自启动仪表触点等）均应为防爆型。当储存、使用油品为闪点不小于60℃的可燃油品时，配电间、控制操作间的电气、通信设施可以不使用防爆型，但应符合 GB 50058《爆炸危险环境电力装置设计规范》的规定。

（5）地面和半地下油罐周围应建有符合要求的防火堤（墙）。

（六）油罐

（1）油罐的顶部应装有呼吸阀或透气孔。

（2）储存轻柴油、汽油、煤油、原油的油罐应装呼吸阀。储存重柴油、燃料油、润滑油的油罐应装透气孔和阻火器。

（3）储罐罐顶经常走人的地方应设防滑踏步和护栏。

（4）油罐测油孔应用有色金属制成。油位计的浮标同绳子接触的部位应用铜料制成。

（5）金属油罐应有淋水装置。

（七）排放口

（1）柴油排放管口应设在泵房外，并高出周围地坪 4m 以上。

（2）柴油排放管口设在泵房顶面上方时，应高出泵房顶面 1.5m 以上。

（3）柴油排放管口与泵房门、窗等孔洞的水平路径不应小于 3.5m，与配电间门、窗及非防爆电气设备的水平路径不应小于 5m。

（4）柴油排放管口应装设阻火器。

六、天然气模块设计

（一）设计单位

燃气发电工程设计应选择具备相应等级资质的单位。

（二）天然气质量及计量

（1）进厂天然气气质（含机械杂质、水露点、烃露点、硫化氢含量等）应符合 GB 50251 的规定。

（2）进入燃气轮机的天然气应满足制造厂家对气质的质量要求。

（3）进厂天然气管道设置气质监测取样设施。

（4）进厂天然气总管和每台燃气轮机天然气进气管上设置天然气流量测量装置。

（三）调压站与调（增）压装置

（1）调压站应独立布置，应设计在不易被碰撞或不影响交通的位置，周边应根据实际情况设置围墙或护栏。

（2）调压站或调（增）压装置与其他建（构）筑物的水平净距和调（增）压装置的安装高度应符合 GB 50028《城镇燃气设计规范》的相关要求。

（3）设有调（增）压装置的专用建筑耐火等级不低于二级，且建筑物门、窗向外开启，顶部应采取通风措施。

（4）调（增）压装置的进出口管道和阀门的设置符合 GB 50028《城镇燃气设计规范》及 GB 50251《输气管道工程设计规范》的相关要求。

（5）调（增）压装置前应设有过滤装置。

（四）天然气系统管道

（1）天然气进、出调压站管道应设置关断阀，当站外管道采用阴极保护腐蚀控制措施时，其与站内管道应采用绝缘连接。

（2）天然气管道不得与空气管道固定相连。

（3）天然气管道宜采用支架敷设或直埋敷设，不应采用管沟敷设。

（4）地下天然气管道应设置转角桩、交叉和警示牌等永久性标志。

（5）易受到车辆碰撞和破坏的管段，应设置警示牌，并采取保护措施。

（6）架空敷设的天然气管道应有明显警示标志。

（7）地下天然气管道与交流电力线接地体的净距应不小于 GB 50028《城镇燃气设计规范》的有关规定。

（8）除必须用法兰连接部位外，天然气管道管段应采用焊接连接。

（9）连接管道的法兰连接处，应设金属跨接线（绝缘管道除外），当法兰用 5 副以上的螺栓连接时，法兰可不用金属线跨接，但必须构成电气通路。如天然气管道法兰发生严重腐蚀，电阻值超过 0.03Ω 时，应符合 TSG D0001《压力管道安全技术监察规程—工业管道》的有关规定。

（10）天然气管道保温油漆及防腐满足 DL/T 5072《火力发电厂保温油漆设计规程》和 SY 0007《钢质管道及储罐腐蚀控制工程设计规范》要求。

（11）站外连接埋地管道处采用绝缘法兰。

（12）地下天然气管道不得从建筑物和大型构筑物（不包括架空的建筑物和大型构筑物）的下面穿越。

（13）地下天然气管道与建（构）筑物或相邻管道之间的水平和垂直净距应符合 GB 50028《城镇燃气设计规范》的有关规定，且不得影响建（构）筑物和相邻管道基础的稳固性。

（14）地下天然气管道埋设的最小覆土厚度（路面至管顶）应符合 GB 50028《城镇燃气设计规范》的有关规定。

（15）地下燃气管道与交流电力线接地体的净距离不小于规范 GB 50028—2006《城镇燃气设计规范》要求。

（16）机组天然气管道调压器采用自力式调节阀。

（五）天然气系统泄压和放空设施

（1）天然气系统中，两个同时关闭的关断阀之间的管道上，应安装自动放空阀及放散管。放空连接管尺寸和排放通流能力，应满足紧急情况下使管段尽快放空要求。

（2）直径应满足最大放空量的要求。

（3）严禁在放空竖管顶端设弯管。

（4）放空竖管底部弯管和相连接的水平放空引出管必须埋地。

（5）弯管前水平埋设的直管段必须进行锚固。

（6）放空竖管应有稳管加固措施。

（7）管线穿越车行道时采用套管保护。机动车道下，地下燃气管道埋设的最小覆土厚度不小于 0.9m。

（8）天然气放空竖管设阻火器。

（9）改变走向的弯头、弯管曲率半径应大于或等于外径的 4 倍。

（10）在天然气系统中存在超压可能的承压设备，或与其直接相连的管道上，应设置安全阀。安全阀的选择和安装，应符合 TSG ZF001《安全阀安全技术监察规程》和 GB 50028《城镇燃气设计规范》的有关规定。

（11）应设置用于气体置换的吹扫和取样接头及放散管等。放散管应设置在不致发生火灾危险的地方，放散管口应布置在室外，高度应比附近建（构）筑物高出 2m 以上，且总高度不应小于 10m。放散管口应处于接闪器的保护范围内。

（12）调压器进、出口联络管或总管上和增压机出口管上安装安全阀。

（13）厂内放空气体排入大气符合环保和防火要求。

（六）检测报警装置设置

（1）可能有天然气泄漏的场所，应按 SY 6503《石油天然气工程可燃气体检测报警系统安全技术规范》的规定安装、使用可燃气体在线检测报警器，检测器设置在泄漏源的上方。

（2）对于露天或半露天设备，检测点位于释放源的最小频率风向的上风侧时，检测点与释放源的距离不大于 15m。

（3）对于露天或半露天设备，检测点位于释放源的最小频率风向的下风侧时，检测点与释放源的距离不大于 5m。

（4）当释放源处于封闭或半封闭厂房内时，每隔 15m 设置一台检测器，且检测器距任一释放源不大于 7.5m。

（5）厂房内最高点设置检测器，检测点距天花板不小于 30cm。

（6）设在爆炸危险场所的在线分析仪表间，设置检测器。

（7）可能发生氨泄露的环境，应在泄漏源 5m 内，安装检测仪。

（8）燃气轮机有火焰监测装置、自动点火装置和熄火保护装置。

（七）电气防爆

（1）电气线路敷设在爆炸危险性较小的区域或距离释放源较远的位置，避开易受机械损伤、振动、腐蚀、粉尘积聚以及有危险温度的场所。当不能避开时，采取预防措施。

（2）爆炸性气体环境无 10kV 及以下架空线路跨越；架空线与爆炸性气体环境水平距离，不小于杆塔高度的 1.5 倍。

（3）设置电缆的通道、导管、管道或电缆沟，采取防止天然气从这一区域传播到另一个区域的措施，并且阻止天然气在电缆沟中聚集。

（4）导管和在特殊情况下的电缆（如存在压力差）应密封，防止天然气在导管或电缆护套内通过。

（5）危险和非危险场所之间墙壁上穿过电缆和导管的开孔，应充分密封。

（6）危险场所使用的电缆不应有中间接头。

（7）爆炸危险区域内的设施应采用防爆电器，其选型、安装和电气线路的布置应按 GB 50058《爆炸危险环境电力装置设计规范》执行。

（8）天然气系统区域的设施应有可靠的防雷装置。防雷接地设施设计应符合 GB 50057《建筑物防雷设计规范》及 GB 50183《石油天然气工程设计防火规范》的有关规定。

（9）天然气系统区域应有防止静电荷产生和集聚的措施，并设有可靠的防静电接地装置。

（10）防静电接地设施设计应符合 HG/T 20675《化工企业静电接地设计规程》的有关规定。

（八）消防

（1）天然气调压站及前置模块设有环形道路或消防通道。

（2）厂区采用2.2m高的实体围墙。

（3）室外天然气调压站采用1.5m以上的围栅。

（4）天然气管线采用架空或直埋敷设。

（5）天然气管道与道路距离不小于1m。

（6）架空管线跨越厂区道路时，保持4.5～5.0m的净空。人行道保持2.2m净空。天然气管跨越道路时，采用套管方式，套管下缘满足净空要求。

（7）天然气系统消防及安全设施设计应执行GB 50229《火力发电站与变电所设计防火规范》和GB 50028《城镇燃气设计规范》的有关规定。

（8）燃气电站天然气系统的设计和防火间距应符合GB 50183《石油天然气工程设计防火规范》的规定。

（9）天然气系统区域应设有"严禁烟火"等醒目的防火标志和风险告知牌，消防通道的地面上应有明显的警示标识。

（九）应急处置

（1）为处理紧急情况，在危险场所外合适的地点或位置应有一种或多种措施对危险场所电气设备断电。

（2）为防止附加危险，必须连续运行的电气设备不包括在紧急断电电路中，而应安装在单独的电路上。

（3）厂内置换用氮气容量达到可能被置换气体的2倍。

七、液化气瓶间

（一）气瓶间的建筑要求

（1）使用液化石油气的场所气瓶总质量超过100kg，应设置独立的气瓶间。气瓶间的位置，应地势平坦，不易积聚液化石油气。气瓶间建筑的耐火等级应不低于GB 50016的要求，与相邻的建筑应用防火墙隔开。

（2）气瓶间的高度不应低于2.2m，地面应平整，并应高出室外地坪。

（3）气瓶间地面的材料，应采用不发生火花的材料。

（4）气瓶间的门、窗应向外开，气瓶间与厨房之间不得有连通的门、窗、口。

（5）气瓶间采用自然通风时，应设下通风式百叶窗2个，气瓶间每平方米的通风面积不应小于300cm²。通风口应与室外大气连通，通风口下沿距室内地坪宜在0.2m以下。

（6）气瓶间内不得有暖气沟、地漏及其他地下构筑物。

（7）气瓶间内的温度，不得超过45℃，并不低于0℃。

（8）气瓶间内气瓶的总容积小于1m³时，可设置在建筑物（住宅、重要公其建筑和高层民用建筑除外）外墙毗连的单层专用房间内。

（9）存放气瓶的瓶库应靠建筑物外墙设置，且与建筑物和裙房的防火间距不应小于10m。使用和备用钢瓶，应分开放置或用防火墙隔开。瓶库应设明显的安全警示标志。

（10）气瓶总容积宜在1m³以下，不宜超过2m³，当超过4m³时，应按照国家相应的标准、规范，建立储罐。

（二）消防

（1）气瓶间应设置固定式可燃气体浓度报警装置，报警装置应灵敏、有效。报警装置的二次仪表应安装在有人值守的房间。

（2）气瓶间应配备 8kg 的干粉灭火器，数量不少于 2 个。

（3）气瓶间采用强制通风方式时，应将可燃气体浓度报警装置与通风设施联锁。

（4）气瓶间内的电气设备，应使用防爆型。开关应安装在室外。

（三）气瓶间供气

（1）气瓶间供气系统的总输气管的出口，应设置紧急切断。

（2）液化石油气管道穿过建筑物基础、墙体时，应设在两端密封的套管中。

（3）液化石油气管道系统的法兰盘之间，应做防静电跨接。

（4）液化石油气调压器、拌热带，应有生产许可证。

（5）液化石油气汽化器，应是由具备相应级别压力容器制造许可证的厂家生产的产品，且应经质检部门核准的特种设备检验检测机构监督检验合格的产品。

八、 六氟化硫场所

（1）装有六氟化硫设备的配电装置室和六氟化硫气体实验室，应装设强力通风装置，风口应设置在室内底部，排风口不应朝向居民住宅或行人。

（2）在户内设备安装场所的地面层应安装带报警装置的氧量仪和六氟化硫浓度仪。空气中氧含量应大于 18%，氧量仪在空气中含氧量降至 18% 时应报警。

（3）空气中六氟化硫含量达到 $1000\mu L/L$ 时，六氟化硫浓度仪发出警报。

第四章

危险化学品供应安全

危险化学品供应包括计划提出、订货、运输、卸车、入库等环节，涉及部门多，工作性质差别大，安全管理容易出现漏洞，是危险化学品安全管理的薄弱环节，应引起重视。

第一节 安 全 管 理

一、责任分工

从危险化学品需求计划提出到入库，整个过程工作环节较多，不同单位分工不同，安全职责也不相同。此处推荐执行相对顺畅的分工。

（一）责任的确定

分管人资工作的领导负责，人力资源部负责牵头，根据物资供应工作流程确定各部门、各岗位工作职责。

（二）分工建议

（1）企业要通过安全生产委员会明确一个部门作为危险化学品安全归口管理部门。危险化学品归口管理部门负责牵头确定危险化学品采购流程，确定危险化学品车辆在厂内行车路线、行车速度，一般要绘制行车路线图。

（2）物资采购部门对供应商资质负责，对车辆到达卸车地点前的安全负责。一般要求供货商送货，降低运输环节安全责任。负责索要安全技术说明书，并提供给库房管理、保管、使用等相关人员。

（3）保卫部门负责在车辆入厂前对车辆状况，司机、押运人员资质等进行核查。

（4）使用单位负责提出危险化学品需求计划，提出对危险化学品供应企业的资质要求，明确说明该物品为危险化学品。卸车前，使用部门（岗位）要对车辆、货物及包装、一书一签等进行检查，确认符合相关规定并履行签字手续后，安全责任转移到使用部门（岗位）。

（5）安全监督部门负责根据岗位职责制定岗位安全职责，经安全生产委员会通过后执行。定期对运输接卸环节安全责任落实情况进行检查，对液氨等危险性较大危险化学品接卸过程定期现场旁站。

（6）负有监督责任的领导每半年至少对危险化学品运输接卸工作进行一次检查，现场旁站检查一次。

（7）分管副职每半年至少对危险化学品运输接卸工作进行一次检查，现场旁站检查一次。

（8）企业主要负责人每年至少对危险化学品运输接卸工作进行一次检查，现场旁站检查一次。

二、依法合规

（1）采购要选择具有危险化学品安全生产许可证或经营许可证的单位。

（2）企业要组织对供应商的安全保障能力进行评估。

（3）运输单位、运输车辆、押运员等要具备相应资质和条件。

（4）剧毒危险化学品的购买和运输，必须办理剧毒化学品购买凭证和准购证、公路运输通行证。

（5）采购易制爆危险化学品（见知识拓展4-1）时，应向供货方索要其危险化学品生产或者经营许可证，不得从不具备上述资质的单位采购易制爆危险化学品。要通过本企业银行账户或者电子账户进行交易，不得使用现金或者实物进行交易。要在购买后五日内，通过易制爆危险化学品信息系统，将所购买的易制爆危险化学品的品种、数量以及流向信息报所在地县级公安机关备案。

（6）申请购买易制毒化学品，应取得购买许可证。在购买前将所需购买的品种、数量，向所在地的县级人民政府公安机关备案。

（7）购买监控化学品要向所在地工业和信息化主管部门提出申请。

知识拓展 4-1

易制爆危险化学品

根据中华人民共和国公安部公告《易制爆危险化学品名录》（2017版，见附录B），电力企业副产品硫磺及硝酸、高锰酸钾等化学试剂属于易制爆危险化学品。

三、重点要求

（一）采购人员

（1）要通过危险化学品安全管理相关培训考试，掌握相关法律法规、危险化学品性质、安全注意事项、防护及应急措施等相关知识。

（2）要掌握企业安全管理制度，负责车辆入厂引领，按照企业制定的危险化学品行车路线行驶，告知司机车辆限速要求等安全规定。

（3）向供应商索要安全技术说明书，并主动提供给使用单位、存储单位相关人员。

（二）接卸人员

（1）要通过危险化学品安全管理和安全技能培训考试，掌握相关法律法规，危险化学品性质、安全注意事项、防护及应急措施等相关知识。

（2）危险化学品装卸员必须经过安全培训。

（三）安保人员

要经过危险化学品安全管理相关培训，掌握危险化学品车辆、人员入场前检查相关内容，了解危险化学品性质、安全注意事项、防护及应急措施等相关知识。

（四）采购环节

(1) 使用部门根据实际工作需要，填写材料申请计划，经审批后交采购部门进行采购。

(2) 危险化学品计划要单独填写材料申请计划，不得与其他物资混报。

(3) 剧毒、易制毒、易制爆危险化学品采购申请要详细写明用途。

(4) 采购要按计划进行，不得超量购买，更不得无计划采购。

(5) 不得申请、采购国家明令禁止使用的剧毒药品。

(6) 采购剧毒化学品必须在安全监督部门备案，按规定办理购买凭证和准购证后，方可采购。

(7) 禁止一次性采购超出企业最大储存能力的危险化学品。

（五）运输环节

(1) 运输企业、车辆、押运员必须取得相应资质。

(2) 装载介质与罐体喷涂介质、车辆道路运输证载明介质一致。

(3) 危险化学品装载匀称均衡、整体固定，做到一车一货，不同危险化学品不能混装，不得超载。

(4) 要确保容器不泄漏、不倒塌、不坠落、不损坏。

(5) 运输车辆应配备泄漏应急处理设备。

(6) 危险化学品装载后，危险化学品名称、形状、数量、处置方法、企业联系方式等要书面记录，随车携带。

(7) 运输车辆在厂内要按照预先确定的行车路线行车，并控制车速。

（六）接卸前检查

(1) 危险化学品车辆要先检查，后入厂。

(2) 检查运输单位。必须具有危险化学品承运资质。

(3) 检查车辆。车辆必须是相应危险化学品专用运输车辆，并按规定车辆检验合格，检查车辆防火帽、静电接地、紧急切断阀等设施齐全完好。

(4) 检查人员资质。司机具有危险化学品运输人员资质，押运人员有危险化学品押运人员资质，证件和人员相符。

(5) 检查货物包装标志（见知识拓展 4 - 2）是否齐全完好，符合 GB 190《危险货物包装标志》的相关规定。

（七）卸车环节

(1) 车辆熄火，驾驶人员离开驾驶室，但不能远离车辆。

(2) 车辆做好防溜车措施。

(3) 卸货前，应让收货人确认卸货贮槽无误，防止放错贮槽，引发货物化学反应，酿成事故。

(4) 卸料时，应保证导管与阀门连接牢固，逐渐缓慢开启阀门。

（5）作业时，接卸人员要做好劳动防护，装卸人员应站在上风处。

知识拓展 4-2

危险货物包装标志

1. 分类

标志分为标记和标签。

标记4个，分别是危害环境物质和物品标记1个、方向标记2个、高温运输标记1个。

标签26个，其图形分别标示了9类危险化学品的主要特性。

2. 标志的尺寸

标志尺寸规格一般分为4种，见表4-1。

表4-1 标志尺寸规格 mm

尺寸号别	长	宽	尺寸号别	长	宽
1	50	50	3	150	150
2	100	100	4	250	250

注 如遇特大或特小的运输包装件，标志的尺寸可按照规定适当扩大或缩小。

3. 标记要求

（1）明显可见而且易读。

（2）能够经受日晒雨淋而不显著减弱其效果。

（3）应标示在包装件外表面的反衬底色上。

（4）不得与可能大大降低其效果的其他包装件标记放在一起。

（八）安全协议

（1）企业要与供应商签订安全协议，明确双方安全责任。

（2）发电企业危险化学品采购原则上采取送货模式，与销售单位签订安全协议，明确从入厂、卸货到出厂整个过程的作业内容、安全条件、安全责任等。

（3）如采购方负责运输，承运方必须具有危险化学品运输企业资质。

（4）要明确应急义务。

（九）新增危险化学品

对新增加的危险化学品要提前获取"一书一签"，提供给采购、保管、使用等相关人员学习，评估各环节风险。确认具备安全接卸、存储、使用等条件后，才能予以采购。

（十）主要风险

（1）供货单位不具有安全保障能力，产品质量、包装等不符合安全要求，安全技术说明书内容不完善或存在错误。

（2）运输单位、运输车辆或押运人员不具有安全保障能力，在送货时将风险引入企业。

（3）危险化学品采购超过企业存储限量，不能在规范仓库存储，产生安全风险。

（4）安全培训不到位，安全责任不明确。采购人员无知无畏，使用部门、监督部门管控缺失。

第二节　重点危险化学品供应

一、化验试剂供应安全要求

（1）从具有资质的生产、经营单位采购属于危险化学品的化学试剂。

（2）采购人员索取化学品安全技术说明书，并妥善保管，确保化验室人员能方便获得化学品安全技术说明书。

（3）危险化学品包装物上应有符合 GB 15258 规定的化学品安全标签。

（4）当危险化学品由原包装物转移或分装到其他包装物内时，转移或分装后的包装物应及时重新粘贴标识。

（5）化学品安全标签脱落后，应及时确认危险化学品种类。如能确认，应及时补上危险化学品名称；如不能确认，则以废弃危险化学品处置。

二、酸碱供应安全要求

（一）一般要求

发电企业使用氢氧化钠一般采用槽车散装，卸车过程要注意以下要点：

（1）运输腐蚀品的罐车应专车专运。

（2）运输腐蚀品的罐体材料和附属设施应具有防腐性能。

（3）接卸人员要做好劳动防护。

（4）卸料残夜要妥善处理，防止伤人或污染环境。

（5）卸料前检查接头密封完好，紧固螺栓齐全。

（6）卸料接管与接头连接牢固、可靠。

（7）车辆做好防溜车措施。

（8）在露天装卸这些药品时，应站在上风的位置，以防吸入飞扬的药品粉末。

（二）盐酸安全要求

1. 具有标准的符合以下形式的包装

（1）耐酸坛或陶瓷瓶外加普通木箱或半花格木箱。

（2）玻璃瓶或塑料桶（罐）外加普通木箱或半花格木箱。

（3）磨砂口玻璃瓶或螺纹口玻璃瓶外加普通木箱。

（4）螺纹口玻璃瓶、铁盖压口玻璃瓶、塑料瓶或金属桶（罐）外加普通木箱。

2. 运输安全注意事项

（1）运输过程中要确保容器不泄漏、不倒塌、不坠落、不损坏。

（2）运输过程中严禁与碱类、胺类、碱金属、易燃物或可燃物等混装混运。

（3）运输过程中运输车辆应配备泄漏应急处理设备。

（4）运输过程中应防曝晒、雨淋，防高温。

（三）硫酸安全要求

1. 具有标准的符合以下形式的包装

（1）耐酸坛或陶瓷瓶外加普通木箱或半花格木箱。

（2）磨砂口玻璃瓶或螺纹口玻璃瓶外加普通木箱。

2. 运输安全注意事项

（1）运输过程中要确保容器不泄漏、不倒塌、不坠落、不损坏。

（2）运输过程中严禁与易燃物或可燃物、还原剂、碱类、碱金属等混装混运。

（3）运输过程中运输车辆应配备泄漏应急处理设备。

（4）运输过程中应防曝晒、雨淋，防高温。

（四）次氯酸钠

1. 具有标准的符合以下形式的包装

一般用玻璃瓶或塑料桶（罐）盛装。

2. 运输安全注意事项

（1）起运时包装要完整，装载应稳妥。

（2）运输过程中要确保容器不泄漏、不倒塌、不坠落、不损坏。

（3）运输过程中严禁与还原剂、酸类等混装混运。

（4）运输过程中运输车辆应配备泄漏应急处理设备。

（5）运输过程中应防曝晒、雨淋，防高温。

（五）联氨（水合肼）

1. 具有标准的符合以下形式的包装

（1）小开口钢桶。

（2）塑料桶（罐）外全开口钢桶。

（3）螺纹口玻璃瓶、铁盖压口玻璃瓶、塑料瓶或金属桶（罐）外加普通木箱。

2. 运输安全注意事项

（1）起运时包装要完整，装载应稳妥。

（2）运输过程中要确保容器不泄漏、不倒塌、不坠落、不损坏。

（3）运输过程中严禁与氧化剂、酸类、金属粉末、食用化学品等混装混运。

（4）运输过程中运输车辆应配备相应品种和数量的消防器材及泄漏应急处理设备。

（5）运输过程中应防曝晒、雨淋，防高温。

（6）公路运输时要按规定路线行驶，勿在居民区和人口稠密区停留。

三、氢气供应安全要求

（一）气瓶

（1）钢质气瓶，气瓶的产权应为气瓶充装单位所有。

（2）气瓶的明显位置上，应有以钢印（或其他固定形式）注明制造单位的制造许可证编号和企业代号标志以及气瓶出厂编号，具有铭牌式或其他能固定于气瓶上的产品合格证，有按批出具批量检验质量证明书。

（3）气瓶定期检验证书在有效期（4年）内。

（4）气瓶每 3 年检验 1 次。

（二）运输安全注意事项

（1）运输和装卸气瓶时，必须配置好气瓶瓶帽（有防护罩的气瓶除外）和防震圈（集装气瓶除外）。搬运时轻装轻卸，防止钢瓶及附件破损。

（2）钢瓶一般平放，并应将瓶口朝同一方向，不可交叉。

（3）高度不得超过车辆的防护栏板，并用三角木垫卡牢，防止滚动。

（4）运输车辆应配备相应品种和数量的消防器材。

（5）装运车辆排气管必须配备阻火装置，禁止使用易产生火花的机械设备和工具装卸。

（6）严禁与氧化剂、卤素等混装混运。

（7）夏季应早晚运输，防止日光曝晒。

四、 液氨供应安全要求

（一）运输

（1）采购的液氨应由销售单位委托具有相应危险货物道路运输资质的企业承运危险货物。

（2）运送液氨的槽车到达现场前，应检查车辆行驶证和营运证，驾驶人、押运人员有效资质证件，运输车辆检验合格证等。

（3）液氨运输车辆进入氨站要办理进入氨站许可证。

（4）要对液氨运输人员做好相关的安全交底。

（5）物资部门专人核对液氨槽车进入氨站许可证无误后，方可对槽车进行称量，并引导按照指定路线行驶。

（6）液氨运输时，物资部负责氨站外部的安全管理、发电部负责进入氨站后的安全管理。

（7）运输车辆进入氨站内，必须遵守企业交通保卫制度的规定。

（二）接卸基本要求

（1）液氨槽车进入氨站时，氨站值班人员负责接收及审核液氨出厂单据、质量检验报告。不符合要求或者出现缺失，严禁接卸。

（2）由氨站值班人员每月对卸氨及运输人员做好相关的安全交底。交底结束后双方签名确认，并各执一份保留备查。对于首次承担液氨运输任务的人员，在进行相关操作前必须做好安全交底工作，其他卸氨人员则保证每月至少进行一次安全交底。

（3）液氨接卸现场应备有足够的消防器材和防护用具，保证完好备用。

（4）一旦发生液氨泄漏，氨站值班人员立即停运相关运行设备，启动喷淋装置。并汇报当班值长。值长接警后，按照应急预案安排相关人员进行泄漏点堵漏和人群疏散。

（5）接卸液氨应当在白天进行，如果必须在夜间接卸时，需经公司领导批准，并保证现场有充足的照明。

（6）遇雷击、大雨、大风（6级以上）天气或 30m 范围内有明火、易燃、有毒介质泄漏及其他不安全因素，禁止卸氨或立即停止卸氨。

（7）液氨接卸现场须设有喷淋装置，每周进行喷淋装置试验，确保良好备用。

（8）槽车卸车推广使用万向充装管道系统代替充装软管。

（三）接卸前准备

（1）液氨槽车须有良好的接地装置，防止静电积累。

（2）氨站值班人员陪同液氨运输人员到现场进行系统确认，交代注意事项。

（3）由氨站值班人员用氮气对接卸管道进行置换，置换工作完成后，由运输人员连接好槽车与液氨储罐相关管路。氨站值班人员开启相关阀门，并严格按照操作规程进行卸氨操作。

（4）接卸前查验液氨出厂检验报告，确认液氨纯度符合要求。

（5）液氨接卸时，必须保证液氨槽车停在指定的位置并熄灭发动机，用手闸制动，防止溜车。

（6）卸氨操作前，要设立安全隔离区，防止无关人员进入卸氨区域。

（7）卸氨操作时，运行值班人员和运输人员均需佩戴好防护用品。前后位置放置安全标示。禁止在卸氨区检修车辆。

（四）接卸作业

（1）液氨卸车时，接卸操作人员应对作业区域内大气中的氨浓度进行测试，并控制作业区域内大气中的氨浓度低于 $30mg/m^3$ （标准状态），否则应立即停止卸氨，查找漏氨点，处理后才能继续卸氨。属于液氨运输车辆问题且无法处理正常时，氨站值班人员有权停止接卸。

（2）接卸液氨时设置专人操作，禁止无关人员进入接卸现场。

（3）液氨运输人员负责槽车侧的阀门操作，氨区操作人员按照操作票逐项操作氨区内设备系统。

（4）根据经计算确定的卸氨流量控制流速在 $1m/s$ 以内，防止静电摩擦起火。

（5）卸氨结束，应静置 10min 后方可拆除槽车与卸料区的静电接地线，并检测空气中氨浓度小于 $30mg/m^3$ （标准状态）后，方可启动槽车。

（6）液氨运输人员、槽车押运人员必须服从氨区运行值班人员的指挥，押运人员只负责车上的连接，不准操作氨区内的任何设备、阀门和其他部件。氨区运行值班人员应正确连接装卸台气相管和液相管与槽车的气相管和液相管。检查连接是否牢固、漏气，并应排尽空气。如有泄漏，应处理后再进行卸氨。

（7）当液氨接卸完毕后，由氨站值班人员用氮气对接卸管道进行置换，置换工作完成后，由运输人员分离槽车与液氨储罐相关管路，经氨站值班人员确认后槽车方可离开。

（8）卸氨操作时应经常观察风向标，操作人员应保持在上风向位置。

（9）液氨卸料时，严禁采用空气压料和有可能引起罐体内温度迅速升高的方法进行卸料。必要时，可用不高于 45℃温水加热升温或用不大于设备压力的干燥氮气压送。

（10）液氨卸料时，槽车押运人员、氨区运行值班人员不得擅自离开操作岗位，驾驶员必须离开驾驶室。

（11）液氨卸料时，速度不应太快，时刻注意储罐和槽车的液位变化，严禁储罐超装（超过最大储氨量）和槽车卸空，槽车内应保留 0.05MPa 以上余压，但最高不得超过当时环境温度下介质的饱和压力。当储罐液位达到安全高限时，禁止向储罐强行卸料。槽车卸料完毕后，立即关闭切断阀，收好卸料导管及支撑架。

（12）如遇闪电、雷击、大雨、大风（6级以上）天气，或卸氨区周围30m范围内有明火、易燃、有毒介质泄漏及其他不安全因素时，应立即停止（或不得进行）卸氨操作。

（13）卸氨结束由运行值班人员和槽车人员共同确认安全后，槽车方可启动离开装卸台。

（14）严禁在氨区内进行清洗和处理剩余危险物料作业，不得用氨区内的消防水、生产用水冲洗卸氨车辆。

五、燃油供应安全要求

（一）卸油前

（1）车辆入厂前，检查阀门和管盖是否关牢，查看接地线是否接牢，不得敞盖行驶，严禁罐车顶部载物。

（2）卸油前要检查油罐的存油量，以防止卸油时冒顶跑油。

（二）卸车

（1）罐车进加油站卸油时，要有专人监护，避免无关人员靠近。

（2）在正常作业状态时，卸油管道安全流速不应大于4.5m/s。卸油时，在油品没有淹没进油管口前，油品的流速应控制在0.7～1m/s以内，防止产生静电。

（3）卸油时，驾驶人员不得离开现场，应与加油站工作人员共同监视卸油情况，发现问题随时采取措施。

（4）卸油时，卸油管应深入罐内。卸油管口至罐底距离不得大于300mm，以防喷溅产生静电。

（5）卸油要尽可能卸净，当加油站工作人员确认罐内已无贮油时方可关闭放油阀门，收好放油管，盖严油罐盖。

（6）测量油量要在卸完油30min以后进行，以防测油尺与油液面、油罐之间静电放电。

（7）油车卸油加温时，原油一般不超过45℃，柴油不超过50℃，重油不超过80℃。

（8）卸油用蒸汽的温度，应考虑到加热部件外壁附着物不致有引起着火的可能，蒸汽管道外部保温应完整，无附着物，以免引起火灾。

（9）油车卸油时，严禁将箍有铁丝的胶皮管或铁管接头伸入仓口或卸油口。

（三）车辆

（1）运输车辆应配备相应品种和数量的消防器材及泄漏应急处理设备。

（2）夏季运输车辆最好早晚入厂。

（3）运输车辆应有接地链，槽内可设孔隔板以减少震荡产生静电。

（4）严禁与氧化剂、卤素等混装混运。

（5）装运燃料油的车辆排气管必须配备阻火装置。

（6）禁止使用易产生火花的机械设备和工具装卸。

（四）注意事项

（1）卸油站台应有足够的照明。

（2）上下油车应检查梯子、扶手、平台是否牢固，防止滑倒。

（3）开启上盖时应轻开，严禁用铁器敲打，人应站在侧面。

（4）卸油过程中，现场必须有人巡视，防止跑、冒、漏油。

（5）卸油时，车辆可靠接地，输油软管应接地。

（6）卸油时发动机应熄火。雷雨天气时，应确认避雷电措施有效，否则应停止卸油作业。

（7）卸油时应夹好导静电接线，接好卸油胶管，当确认所卸油品与贮油罐所贮的油品种类相同时方可缓慢开启卸油阀门。

（8）在卸油中如遇雷雨天气或附近发生火警，应立即停止卸油作业。

（9）卸油沟的盖板应完整，卸油口应加盖，卸完油后应盖严。冬季应清扫冰雪，并采取必要的防滑措施。

六、　六氟化硫供应安全要求

（1）应向有资质的供应厂商采购。

（2）向供应商索要六氟化硫制造厂提供的出厂产品的化学分析报告。报告中要包括 8 项指标：四氟化碳（CF_4）、空气（Air）、水（H_2O）、酸度、可水解氟化物、矿物油、纯度（SF_6）和生物试验无毒合格证。

（3）要求生产厂家在供货时提供生物试验无毒证明书。

七、　液化气罐供应安全要求

（1）不得向未取得燃气经营许可证的瓶装液化石油气供气企业，购买瓶装液化石油气。

（2）液化石油气的用气设备，应由具有生产资质的生产厂生产，具有产品合格证、产品安装使用说明书和质量保证书。产品外观应有产品标牌，并有出厂日期。

第五章

危险化学品储存安全

危险化学品储存概念内涵比较复杂，容易造成混淆。一般地，危险化学品存储企业是指专门从事危险化学品仓储，既不生产，也不销售的企业，这类仓库需要经公安部门批准。严格意义上讲，《危险化学品安全管理条例》中关于危险化学品储存企业的要求的对象就是从事危险化学品仓储的企业。电力企业是危险化学品使用企业，不属于储存企业。还有一种内涵更广的所说的"危险化学品储存"，包括生产过程中在仓库、现场等临时存储环节，其安全要求与仓储企业有些是相通的。本章主要是针对电力企业仓库或现场中间储存环节安全管理。

第一节 安 全 管 理

一、 相关概念

（1）隔离储存：在同一房间或同一区域内，不同的物料之间分开一定的距离，非禁忌物料间用通道保持空间的储存方式。

（2）隔开储存：在同一建筑或同一区域内，用隔板或墙，将其与禁忌物料分离开的储存方式。

（3）分离储存：在不同的建筑物或远离所有建筑的外部区域内的储存方式。

（4）禁忌物料：化学性质相抵触或灭火方法不同的化学物料。

二、 责任制

（1）危险化学品库房管理部门对危险化学品库房储存安全负责。

（2）危险化学品使用部门对作业现场临时存在危险化学品安全负责。

（3）归口管理部门对危险化学品储存各环节安全管理工作负全面管理责任。

（4）安全监督部门负责监督企业建立危险化学品安全管理制度，并监督落实。

三、 重点要求

（一）人员

（1）库房工作人员应进行培训，考核合格后持证上岗。

（2）危险化学品装卸人员应进行必要的教育，掌握有关规定及安全操作要点。

（3）仓库的消防人员除具有一般消防知识外，还应进行在危险品库房工作的专门培训，使其熟悉各区域储存的化学危险品种类、特性，不同种类危险化学品储存地点，各种危险化学品事故的处理程序及方法。

（4）库房人员应会正确佩戴个体防护装备。

（二）储存场所

（1）化学危险品不得储存在地下室或其他地下建筑中。

（2）储存危险化学品的建筑耐火等级（见知识拓展5-1）、层数、占地面积、安全疏散和防火间距应符合国家有关规定。

（3）遇火、遇热、遇潮能引起燃烧、爆炸或发生化学反应，产生有毒气体的危险化学品不得在露天或在潮湿、积水的建筑物中储存。

（4）受日光照射能发生化学反应，引起燃烧、爆炸、分解、化合反应或能产生有毒气体的危险化学品应储存在一级建筑物（见知识拓展5-2）中。其包装应采取避光措施。

（5）爆炸物品不准和其他类物品同储，必须单独隔离限量储存。

（6）压缩气体和液化气体必须与爆炸物品、氧化剂、易燃物品、自燃物品、腐蚀性物品隔离储存。易燃气体不得与助燃气体、剧毒气体同储。氧气不得与油脂混合储存，盛装液化气体的容器属压力容器的，必须有压力表、安全阀、紧急切断装置，并定期检查，不得超装。

（7）易燃液体、遇湿易燃物品、易燃固体不得与氧化剂混合储存，具有还原性氧化剂应单独存放。

（8）有毒物品应储存在阴凉、通风、干燥的场所，不要露天存放，不要接近酸类物质。

（9）腐蚀性物品包装必须严密，不允许泄漏，严禁与液化气体和其他物品共存。

（10）危险化学品露天堆放，应符合防火、防爆的安全要求。

（11）爆炸品、一级易燃物品、遇湿燃烧物品、剧毒物品不得露天堆放。

（12）仓库配备有专业知识的技术人员。

（13）储存危险化学品的建筑物、区域内，严禁吸烟和使用明火。

（14）储存安排及储存量符合表5-1要求。

表5-1　　　　　　　　　　储存安排及储存量

储存要求＼储存类别	露天储存	隔离储存	隔开储存	分离储存
平均单位面积储存量（t/m²）	1.0～1.5	0.5	0.7	0.7
单一储存区最大储量（t）	2000～2400	200～300	200～300	400～600
垛距限制（m）	2	0.3～0.5	0.3～0.5	0.3～0.5
通道宽度（m）	4～6	1～2	1～2	5
墙距宽度（m）	2	0.3～0.5	0.3～0.5	0.3～0.5
与禁忌品距离（m）	10	不得同库储存	不得同库储存	7～10

知识拓展 5-1

建筑物耐火等级分类

建筑物耐火等级分为四级。耐火等级标准是依据房屋主要构件的燃烧性能和耐火极限确定的。不同耐火等级厂房及仓库建筑构件的燃烧性能和耐火极限见表5-2。

表5-2　　　　　不同耐火等级厂房及仓库建筑构件的燃烧性能和耐火极限　　　　　　　　h

构件名称		耐火等级			
		一级	二级	三级	四级
墙	防火墙	不燃性　3.00	不燃性　3.00	不燃性　3.00	不燃性　3.00
	承重墙	不燃性　3.00	不燃性　2.50	不燃性　2.00	难燃性　0.50
	楼梯间、前室的墙，电梯井的墙	不燃性　2.00	不燃性　2.00	不燃性　1.50	难燃性　0.50
	疏散走道两侧的隔墙	不燃性　1.00	不燃性　1.00	不燃性　0.50	难燃性　0.25
	非承重外墙房间隔墙	不燃性　0.75	不燃性　0.50	难燃性　0.50	难燃性　0.25
柱		不燃性　3.00	不燃性　2.50	不燃性　2.00	难燃性　0.50
梁		不燃性　2.00	不燃性　1.50	不燃性　1.00	难燃性　0.50
楼板		不燃性　1.50	不燃性　1.00	不燃性　0.75	难燃性　0.50
屋顶承重构件		不燃性　1.50	不燃性　1.00	难燃性　0.50	可燃性
疏散楼梯		不燃性　1.50	不燃性　1.00	不燃性　0.75	可燃性
吊顶（包括吊顶搁栅）		不燃性　0.25	难燃性　0.25	难燃性　0.15	可燃性

知识拓展 5-2

建筑结构可靠性设计分级

建筑物结构设计分为三级。

建筑结构设计时，应根据结构破坏可能产生的后果（危及人的生命、造成经济损失、产生社会影响等）的严重性，采用不同的安全等级。建筑结构安全等级的划分应符合表5-3。

表5-3　　　　　　　　　　建筑结构安全等级的划分原则

安全等级	破坏后果
一级	很严重：对人的生命、经济、社会或环境影响很大
二级	严重：对人的生命、经济、社会或环境影响较大
三级	不严重：对人的生命、经济、社会或环境影响较小

（三）标志

（1）储存的危险化学品应有明显标志。

（2）储存危险化学品的建筑物、区域内严禁吸烟和使用明火。

（3）一般有毒作业场所设置黄色区域警示线、高毒作业场所设置红色区域警示线。

（4）产生严重职业病危害作业岗位，在其醒目位置，设置警示标识和中文警示说明。

（四）防爆要求

（1）储存易燃、易爆危险化学品的建筑，必须安装避雷设备，每年雷雨季节前进行检查。

（2）储存场所做好通风或温度调节。

（3）储存建筑必须安装通风设备，并注意设备的防护措施。

（4）储存建筑通排风系统应设有导除静电的接地装置。

（5）通风管应采用非燃烧材料制作。

（6）通风管道不宜穿过防火墙等防火分隔物，如必须穿过时应用非燃烧材料分隔。

（7）储存危险化学品建筑不得使用蒸汽采暖和机械采暖，热水采暖不应超过80℃。

（8）采暖管道和设备的保温材料，必须采用非燃烧材料。

（五）出入库管理

（1）储存危险化学品的仓库，必须建立严格的出入库管理制度。

（2）危险化学品出入库前，应按合同进行检查验收、登记。

（3）进入危险化学品储存区域的人员、机动车辆和作业车辆，必须采取防火措施。

（4）装卸、搬运危险化学品时应做到轻装、轻卸，严禁摔、碰、撞、击、拖拉、倾倒和滚动。

（5）装卸对人身有毒害及腐蚀性的物品时，操作人员应根据危险性，穿戴相应的防护用品。

（6）不得用同一车辆运输互为禁忌的物料。

（7）修补、换装、清扫、装卸易燃、易爆物料时，应使用不产生火花的工具。

（8）危险化学品入库时，应严格检验物品质量、数量、包装情况、有无泄漏。

（9）危险化学品入库后应采取适当的养护措施，在储存期内，定期检查，发现其品质变化、包装破损、渗漏、稳定剂短缺等，应及时处理。

（10）库房温度、湿度应严格控制、经常检查，发现变化及时调整。

（六）消防

（1）危险化学品储存场所必须配置相应的消防设备、设施和器具。

（2）配备经过培训的兼职和专职的消防人员。

（3）储存危险化学品建筑物内应根据仓库条件安装自动监测和火灾报警系统。

（4）储存危险化学品的建筑物内，如条件允许，应安装灭火喷淋系统（遇水燃烧化学危险品及不可用水扑救的火灾除外）。

（5）危险化学品储存建筑物、场所消防用电设备应能充分满足消防用电的需要；并符合《建筑防护设计标准》的有关规定。

（6）危险化学品储存区域或建筑物内输配电线路、灯具、火灾事故照明和疏散指示标志，都应符合安全要求。

第二节　重点危险化学品存储

一、化验室危险化学品

(一) 储存条件

(1) 需要低温储存的易燃易爆化学品应存放在专用防爆型冰箱内。

(2) 腐蚀性化学品宜单独放在耐腐蚀材料制成的储存柜或容器中。

(3) 爆炸性化学品和剧毒化学品应分别单独存放在专用储存柜中。

(4) 其他危险化学品应储存在专用的通风型储存柜内。

(5) 危险化学品的储存可参照 GB 15603《常用危险化学品储存通则》执行。

(6) 易燃易爆化学品、腐蚀性化学品、毒害性化学品的储存方法可分别参照 GB 17914《易燃易爆性商品储藏养护技术条件》、GB 17915《腐蚀性商品储藏养护技术条件》、GB 17916《毒害性商品储藏养护技术条件》执行。

(7) 各类危险化学品不应与相禁忌的化学品混放（常用化学品储存禁忌配存表见附录 D）。

(8) GB 16163《瓶装气体分类》和 TSG R0006《气瓶安全技术监察规程》中气体特性进行分类，并分区存放，对可燃性、氧化性的气体应分室存放。气瓶存放时应牢固地直立，并固定，盖上瓶帽，套好防震圈。空瓶与重瓶应分区存放，并有分区标志。

(9) 危险化学品包装不应泄漏、生锈和损坏，封口应严密，摆放要做到安全、牢固、整齐、合理。

(10) 不应使用通常用于储存饮料及生活用品的容器盛放危险化学品。

(二) 储存限量

(1) 每间化验室内存放的除压缩气体和液化气体外的危险化学品总量不应超过 100L 或 100kg，其中易燃易爆性化学品的存放总量不应超过 50L 或 50kg，且单一包装容器不应大于 20L 或 20kg。

(2) 每间化验室内存放的氧气和可燃气体不宜超过一瓶或两天用量。其他气瓶的存放，应控制在最小需求量。

二、水处理药剂

(一) 氢氧化钠

(1) 应与易（可）燃物、酸类等分开存放，切忌混储。

(2) 避免接触潮湿空气。包装必须密封，切勿受潮。库内湿度最好不大于 85%。

(3) 储存于阴凉、干燥、通风良好的库房。

(4) 远离火种、热源。

(5) 储存区应备有合适的材料收容泄漏物。

(二) 盐酸

(1) 禁配物：碱类、胺类、碱金属、易燃或可燃物。应与碱类、胺类、碱金属、易（可）燃物分开存放，切忌混储。

（2）储存于阴凉、通风的库房。

（3）保持容器密封。

（4）库温不超过 30℃，相对湿度不超过 85％。

（5）储存区应备有泄漏应急处理设备和合适的收容材料。

（三）硫酸

（1）禁配物：碱类、碱金属、水、强还原剂、易燃或可燃物。应与易（可）燃物、还原剂、碱类、碱金属分开存放，切忌混储。

（2）储存于阴凉、通风的库房。

（3）库温不超过 35℃，相对湿度不超过 85％。

（4）保持容器密封。

（5）储存区应备有泄漏应急处理设备和合适的收容材料。

（四）次氯酸钠

（1）次氯酸钠极不稳定，不易长时间存放，防止阳光直射。

（2）储存于阴凉、通风的库房。

（3）远离火种、热源。

（4）库温不宜超过 30℃。

（5）应与碱类分开存放，切忌混储。

（6）储存区应备有泄漏应急处理设备和合适的收容材料。

（7）严禁淋雨。

（五）联氨（水合肼）

（1）储存区周围应设围栏或围墙，并有明显的警示标示。

（2）储存容器应密闭，容器外壳必须标明其理化性质，储存罐玻璃液位计，应装金属防护罩。

（3）储存室内必须通风良好，储存室建筑物顶部或外墙的上部设气窗或排气孔。

（4）排气孔应朝向安全地带，应保证每周对盐酸储存室通风一次。

（5）储存室应阴凉、避免阳光照射，远离火种、热源，室内温度不宜超过 30℃，相对湿度不超过 80％。

（6）应与氧化剂、酸类分开储存。应与氧化剂、酸类、金属粉末分开存放，切忌混储。

（7）保持容器密封。

（8）应严格执行"五双"（双人验收、双人保管、双人领取、两本账、两把锁）管理制度。

（9）配备相应品种和数量的消防器材。

（10）储存区应备有泄漏应急处理设备和合适的收容材料。

三、氢气

（1）储存气瓶的单位应当有专用仓库存放气瓶。

（2）氢气实瓶和空瓶应分开存放。

（3）氢气瓶应储存于阴凉、通风的库房。库温不超过 30℃，相对湿度不超过 80％。

（4）不得靠近火源、热源及在太阳下曝晒。

（5）不得与强酸、强碱、氧化剂、卤素等化学品存放在同一仓库。

（6）采用防爆型照明、通风设施。

（7）禁止使用易产生火花的机械设备和工具。

（8）储区应备有泄漏应急处理设备。

（9）储存气瓶的岗位，应当制定相应的气瓶安全管理制度和事故应急处理措施。

（10）存储氢气瓶要符合《气瓶安全监察规程》要求。

（11）氢气瓶体根据 GB 7144《气瓶颜色标志》应为淡绿色，20MPa 气瓶应有淡黄色色环，并用红漆涂有"氢气"字样和充装单位名称。应经常保持漆色和字样鲜明。

（12）氢气瓶搬运中应轻拿轻放，不得摔滚，严禁撞击和强烈震动。不得从车上往下滚卸，氢气瓶运输中应严格固定。

（13）气瓶集装装置应有防止管路和阀门受到碰撞的防护装置，气瓶、管路、阀门和接头应经常维修保养，不得松动移位及泄漏。

（14）罐区应设有防撞围墙或围栏，并设置明显的禁火标志。

四、液氨

（一）氨区安全管理

（1）氨站内严禁明火，需动火作业时，应执行相应的动火管理规定。

（2）值班人员不得穿用丝绸、合成纤维等制成的易产生静电的服装，非值班人员进入氨站严格执行门禁制度。

（3）氨站设岗昼夜重点守卫，谨防被盗或火灾事故的发生。

（4）氨站应当符合安全、防火规定，应有良好的通风和必要的避雷设备。

（5）氨站所有设备和操作工具必须采用防爆型。

（6）液氨储存设备和系统上设置明显的安全警示标志。

（7）氨区入口应设置明显的职业危害告知牌和安全标志标识。职业危害告知牌应注明氨物理和化学特性、危害防护、处置措施、报警电话等内容。

（二）氨储罐

（1）液氨储罐与液氨区围墙距离为 10m。工艺间卸料压缩机与液氨区围墙距离为 10m。

（2）氨储罐基础应稳固，定期检查沉降观察点，防止因基础下沉引起管道应力破损。

（3）氨储罐应设液位计、压力表、安全阀以及防静电等安全设施。氨储罐进、出口管道应设远程切断阀。

（4）氨储罐中液氨充装量不应大于容器容积的 85%，温度在 40℃以下。

（三）罐区应急设施

（1）氨站内配置正压式呼吸器、防毒面具、防化服、防酸碱橡胶手套、防酸碱橡胶雨靴、防酸碱口罩、防护眼镜各 2 套，2% 稀硼酸溶液 1 瓶。

（2）氨区应设置用于消防灭火和液氨泄漏稀释吸收的消防喷淋系统，其喷淋管按环形布置，喷头应采用实心锥形开式喷嘴。

（3）氨站应设置风向标，风向标位置要通风和便于观察，数量要保证氨区及附近作业人员能看到。

（4）氨区明显位置应设置疏散路线及集中疏散点等应急指示图。

（5）生产区应设置两个及以上对角或对向布置的安全出口。安全出口门应向外开，以便危险情况下人员安全疏散。

（6）氨区应设置洗眼器等冲洗装置，水源宜采用生活水，防护半径不宜大于15m。洗眼器应定期放水冲洗管路，保证水质，并做好防冻措施。

（7）氨区宜设置消防水炮，消防水炮采用直流/喷雾两用，能够上下、左右调节，位置和数量以覆盖可能泄漏点确定。

（四）液氨罐区防护墙

（1）防护墙应采用不燃烧材料建造，且必须密实、闭合、不泄漏。

（2）进出储罐组的各类管线、电缆应从防护墙顶部跨越或从地面以下穿过。当必须穿过防护墙时，应设置套管并应采用不燃烧材料严密封闭，或采用固定短管且两端采用软管密封连接的形式。

（3）防护墙应设置不少于2处越墙人行踏步或坡道，并应设置在不同方位。

（4）防护墙的相邻踏步、坡道、爬梯之间的距离不宜大于60m，高度大于或等于1.2m的踏步或坡道应设护栏。

（5）全压式氨罐区防护墙高度宜为0.6m。

（6）防护墙内应采用现浇混凝土地面。

（7）全压式氨罐罐壁到防护墙的距离不应小于3m。

（8）如有损坏应及时修复。

（五）液氨罐区监测监控设施

（1）罐区应实时监测风速、风向、环境温度等参数。

（2）罐区防护墙内每隔20～30m设置一台可燃气体报警仪，且监测报警器与储罐的排水口、连接处、阀门等易释放物料处的距离不宜大于15m。

（3）罐区一般距离主控室较远，应设置火焰、温度、感光等火灾监测器，与火灾自动监控系统联网。设置火灾报警按钮，主控室应设置声光报警控制装置。

（4）罐区应设置音视频监控报警系统，采用防爆摄像头或音频接收器。摄像头的个数和位置要保证覆盖全部罐区，确保有效监控到储罐顶部。

（5）电缆明敷设时，应选用钢管加以保护，所用保护管应与相关仪表设备等妥善连接，电缆的连接处需安装防爆接线盒。

（6）安全接地的接地体应设置在非爆炸危险场所，接地干线与接地体的连接点应有两处以上，安全接地电阻应小于4Ω。

（六）监控指标的设定

（1）温度报警至少分为两级，第一级报警阈值为正常工作温度的上限，第二级为第一级报警阈值的1.25～2倍，且应低于介质闪点或燃点等危险值。

（2）液位报警高低位至少各设置一级，报警阈值分别为高位限和低位限。

（3）压力报警高限至少设置两级，第一级报警阈值为正常工作压力上限，第二级为容器设计压力的80%，并应低于安全阀设定值。

（4）风速报警高限设置一级，报警阈值为风速 13.8m/s（相当于 6 级风）。

五、 燃油

（一）存储注意事项

（1）应与氧化剂、卤素分开存放，切忌混储。

（2）储存于阴凉、通风的库房。

（3）远离火种、热源。

（4）采用防爆型照明、通风设施。

（5）禁止使用易产生火花的机械设备和工具。

（二）配备应急设施

（1）储区应备有泄漏应急处理设备和合适的收容材料。

（2）金属油罐应有淋水装置。

（3）泡沫灭火装置的安装应符合相关消防规定。

（三）燃油罐防火堤

（1）防火堤应采用不燃烧材料建造，且必须密实、闭合、不泄漏。

（2）进出储罐组的各类管线、电缆应从防火堤顶部跨越或从地面以下穿过。当必须穿过防火堤时，应设置套管并应采用不燃烧材料严密封闭或采用固定短管且两端采用软管密封连接的形式。

（3）防火堤应设置不少于 2 处越堤人行踏步或坡道，并应设置在不同方位上。

（4）防火堤的相邻踏步、坡道、爬梯之间的距离不宜大于 60m，高度大于或等于 1.2m 的踏步或坡道应设护栏。

（5）立式油罐的罐壁至防火堤内堤脚线的距离，不应小于罐壁高度的一半。卧式油罐的罐壁至防火堤内堤脚线的距离不应小于 3m。

（6）相邻油罐组防火堤外堤脚线之间应有消防道路或留有宽度不小于 7m 的消防空地。

（7）油罐组防火堤内有效容积不应小于油罐组内一个最大油罐的公称容量。

（8）油罐组防火堤顶面应比计算液面高出 0.2m。立式油罐组的防火堤高于堤内设计地坪不应小于 1.0m，高于堤外设计地坪或消防道路路面（按较低者计）不应大于 3.2m。卧式油罐组的防火堤高于堤内设计地坪不应小于 0.5m。

（9）防火堤内地面宜铺设碎石或种植高度不超过 150mm 的常绿草皮。

（10）油罐组防火堤内设计地面宜低于堤外地面。

（四）燃油罐区安全监测监控设施

（1）罐区应实时监测风速、风向、环境温度等参数。

（2）罐区防火堤内每隔 20～30m 设置一台可燃气体报警仪，且监测报警器与储罐的排水口、连接处、阀门等易释放物料处的距离不宜大于 15m。

（3）罐区一般距离主控室较远，应设置火焰、温度、感光等火灾监测器，与火灾自动监控系统联网。设置火灾报警按钮，主控室应设置声光报警控制装置。

（4）罐区应设置音视频监控报警系统，采用防爆摄像头或音频接收器。摄像头的个数和位置要保证覆盖全部罐区，确保有效监控到储罐顶部。

（5）电缆明敷设时，应选用钢管加以保护，所用保护管应与相关仪表设备等妥善连接，电缆的连接处需安装防爆接线盒。

（6）安全接地的接地体应设置在非爆炸危险场所，接地干线与接地体的连接点应有两处以上，安全接地电阻应小于 4Ω。

（五）监控指标的设定

（1）温度报警至少分为两级，第一级报警阈值为正常工作温度的上限。第二级为第一级报警阈值的 1.25～2 倍。且应低于介质闪点或燃点等危险值。

（2）液位报警高低位至少各设置一级，报警阈值分别为高位限和低位限。

（3）压力报警高限至少设置两级，第一级报警阈值为正常工作压力上限，第二级为容器设计压力的 80%，并应低于安全阀设定值。

（4）风速报警高限设置一级，报警阈值为风速 13.8m/s（相当于 6 级风）。

六、六氟化硫

（1）六氟化硫气瓶在存放时要有防晒、防潮的遮盖措施，且不准靠近热源及有油污的地方。

（2）安全帽、防震圈要齐全，气瓶要分类存放、注明明显标志，存放气瓶要竖放，标志向外，运输时可以卧放。

（3）储存气瓶的场所必须宽敞，通风良好，尽量存放在敞开的专门场所。

（4）应与易（可）燃物、氧化剂分开存放，切记混储。

（5）搬运时应轻装轻卸。

（6）储区应备有泄漏应急设备。

七、油漆

（1）各类油漆，因其易燃或有毒，应存放在专用库房内，不准与其他材料混堆。对挥发性油料必须存放于密闭容器内，并设专人保管。

（2）油漆涂料库房应有良好的通风，并应设置消防器材，悬挂醒目的"严禁烟火"的标志。

（3）储存和调漆应在符合防火要求的专门房间内进行。地面应采用耐火且不易碰出火花的材料。

（4）各类油漆和其他易燃、有毒材料，应储存安放在专用库房内，不得与其他材料混存，挥发性油料应装入严密封闭容器内，妥善保管。油漆漆片库房应透风性强，禁绝住人，并设置灭火器具材料和"严禁烟火"等标识，库房与其他物应保持一定的安全距离。

八、民用爆炸物品

民用爆炸物品是指非军用的爆炸物品，名单由公安部会同有关部门制定公布。包括：

（1）爆破器材。包括各类炸药、雷管、导火索、导爆索、非电导爆系统、起爆药和爆破剂。

（2）黑火药、烟火剂、民用信号弹和烟花爆竹。

（3）公安部认为需要管理的其他爆炸物品。

（一）依法合规

（1）存放地点必须取得当地公安部门的同意。

（2）使用爆破器材的单位，设立专用爆破器材仓库、储存室时，必须凭县、市以上主管部门批准的文件及设计图纸和专职保管人员登记表，向所在地县、市公安局申请许可。经审查，符合规定的，发给爆炸物品储存许可证，方准储存。

（3）使用爆破器材的单位，临时存放爆破器材时，要选择安全可靠的地方单独存放，指定专人看管，并报所在地县、市公安局批准。临时小量存放的，向所在地公安派出所备案。没有公安派出所的地方，向乡人民政府备案。

（4）爆破器材储存库应通过安全评价，符合 GA/T 848《爆破作业单位民用爆炸物品储存库安全评价导》要求。

（5）发现爆破器材丢失、被盗，必须及时报告所在地公安机关。

（6）变质和过期失效的爆破器材，应及时清理出库，予以销毁。在销毁前要登记造册，提出实施方案，报上级主管部门批准，并向所在地县、市公安局备案，在县、市公安局指定的适当地点妥善销毁。

（二）爆破器材的收发

（1）建立出入库检查、登记制度。收存和发放爆破器材必须进行登记，做到账目清楚，账物相符。

（2）新购进的爆破器材，应逐个检查包装情况，并按规定作性能检测。

（3）爆破器材应按出厂时间和有效期的先后顺序发放使用。

（4）库房内不允许拆箱（袋）发放爆破器材，只允许整箱（袋）搬出后发放。

（5）爆破器材的发放应在单独的发放间（发放碉室）里进行，不应在库房碉室或壁槽内发放。

（6）变质的、过期的和性能不详的爆破器材，不应发放使用。

（7）退库的爆破器材应单独建账、单独存放。

（三）爆破器材的储存

（1）爆破器材必须储存在专用的仓库、储存室内，并设专人管理，不准任意存放。

（2）严禁将爆破器材分发给承包户或个人保存。

（3）单库允许存放量及存放方式按 GB 50089《民用爆炸物品工程设计安全标准》的规定。

（4）爆破器材单一品种专库存放。若受条件限制时，炸药类、射孔弹类和导爆索、导爆管可以同库混存。

（5）库房内储存的爆破器材数量不得超过设计容量。小型爆破器材库的最大储存量应按 GA 838《小型民用爆炸物品储存库安全规范》执行。

（6）性质相抵触的爆破器材，必须分库储存。库房内严禁存放其他物品。

（7）炸药和雷管必须分别储存和携带，不准和易燃物放在一起，应设专人管理。

（8）严禁无关人员进入库区。严禁在库区吸烟和用火。严禁把其他容易引起燃烧、爆炸的物品带入仓库。严禁在库房内住宿和进行其他活动。

第六章

危险化学品操作使用安全

危险化学品操作使用不同于化工企业，化工企业危险化学品主要存在于工艺流程中，电力企业危险化学品操作使用基本不存在复杂的流程和化学反应，但作业类型较多，安全风险不容忽视。

第一节　化验室安全

电力企业接触危险化学品种类最多的是化验室。虽然用量不大，但种类繁多，特点各异，管理难度很大。

一、一般安全要求

（1）化验人员应穿工作服。

（2）化验工作区和办公休息区应隔开设置。

（3）化验室应有通风设备，有自来水，有毛巾、肥皂等卫生物品。

（4）应在化验室内方便取用的地点设置急救箱或急救包，配备内容可根据实际需要，并参照 GBZ 1《工业企业设计卫生标准》的要求确定。

（5）禁止将食品和食具放在化验室内，禁止药品与食品混放。

（6）工作人员在饭前和工作后要洗手。

（7）每个装有药品的瓶子上均应贴上明显的标签，并分类存放。

（8）禁止使用没有标签的药品。

（9）化验室应有明显的安全标识，标识应保持清晰、完整，包括：

1）符合 GB 13690《化学品分类和危险性公示 通则》规定的化学品危险性质的警示标签。

2）符合 GB 13495《消防安全标志》和 GB 15630《消防安全标志设置要求》规定的消防安全标志。

3）符合 GB 2894《安全标志及其使用导则》规定的禁止、警告、指令、提示等永久性安全标志。

二、制度要求

必须建立至少包括以下内容的化验室管理制度：

（1）岗位安全责任制度。明确化验室安全管理责任部门、化验室安全管理直接责任人、化验室全员岗位安全责任，明确危险化学品入库验收、保管、发放、使用、废弃环节安全责任人，明确化验室人员安全培训责任人等。

（2）危险化学品采购、储存、运输、发放、使用和废弃的管理制度。

（3）爆炸性化学品、剧毒化学品、易制毒、易制爆危险化学品的特殊管理制度。

（4）危险化学品安全使用的教育和培训制度，明确化验室安全培训内容、时间等。

（5）危险化学品事故隐患排查治理和应急管理制度。

（6）个体防护装备、消防器材的配备和使用制度。

（7）其他必要的安全管理制度。

（8）符合 GB/T 29639《生产经营单位生产安全事故应急预案编制导则》要求的危险化学品事故专项应急预案或现场处置方案。每年至少组织全体人员进行一次应急预案演练，并做好演练记录。

三、人员要求

（1）化验室人员应熟悉化验室危险化学品安全管理制度，掌握危险化学品的特性和安全操作规程，具备危险化学品安全使用知识和危险化学品事故应急处置能力。

（2）化验室人员上岗前应接受专业的危险化学品安全使用和危险化学品事故应急处置能力的培训，考核合格，取得岗证安全作业证。

（3）外来实习和短期工作人员事先应接受危险化学品相关知识培训，并在岗位固定员工的指导和监护下操作。

（4）化验室应设置专（兼）职安全员。

四、设施设备要求

（1）有可燃气体产生的化验室不应设吊顶。

（2）化验室的门应向疏散方向开启，且采用平开门，不得采用推拉门、卷帘门。

（3）化验室建筑设施及其他有关安全、防护、疏散的要求应符合 JGJ91《科学实验室建筑设计规范》和 GB 50016《建筑设计防火规范》的规定。

（4）危险化学品储存柜设置应避免阳光直晒，避免靠近暖气等热源，保持通风良好，不宜贴邻实验台设置，也不应放置于地下室。

（5）在使用气体的化验室，应设通风机，宜配备氧气含量测报仪。

（6）在可能散发可燃气体、可燃蒸气的化验室，应配备防爆型电气设备，并应设可燃气体测报仪，且与风机联锁。

（7）使用气瓶应配置气瓶柜或气瓶防倒链、防倒栏栅等设备。宜将气瓶设置在化验室外避雨通风的安全区域，同时使用后的残气（或尾气）应通过管路引至室外安全区域排放。

（8）在化验室适当处应设置应急喷淋器。

（9）在化验台附近应设置紧急洗眼器。

（10）应根据 GB 17914《易燃易爆性商品储藏养护技术条件》、GB 17915《腐蚀性商品储藏养护技术条件》和 GB 17916《毒害性商品储藏养护技术条件》中规定的易燃易爆性化学品、腐蚀性化学品和毒害性化学品的灭火方法，针对化验室使用的化学品的危险性质，在明显和便于取用的位置定位设置灭火器、灭火毯、砂箱、消防铲及其他必要消防器材。灭火器的类型和数量的配置应符合 GB 50140《建筑灭火器配置设计规范》的规定。

五、领用要求

（1）危险化学品的发放应有专人负责，要查验领用人员的领用手续，并根据实际需要的最低数量发放。

（2）剧毒化学品、爆炸性化学品的领用，应由两人按当日化验的用量领取，如有剩余应在当日退回，并详细记录退回物品的种类和数量。

（3）领用时应当填写危险化学品领用记录，按品种和规格记录购入、发放、退回的日期、单位及经手人、数量以及结存数量和存放地点，领用剧毒化学品、爆炸性化学品和易制爆危险化学品时，还应详细记载用途。

六、样品管理

（1）应有专人对送检样品的管理负责，并对保存期内的样品实施监督。

（2）送检样品应有标签，样品在化验室的整个期间应保留该标签。

（3）样品应存放在符合送检要求的专用样品柜或样品间内。

七、操作注意事项

（1）密闭操作。

（2）远离火种、热源。

（3）严格遵守操作规程。

（4）搬运时要轻装轻卸，防止包装及容器损坏。

（5）避免产生粉尘。

（6）禁止用口尝和正对瓶口用鼻嗅的方法来鉴别性质不明的药品，需要鉴别时，可以用手在容器上轻轻扇动，在稍远的地方去嗅发散出来的气味。

（7）禁止用口含玻璃管吸取酸碱性、毒性及有挥发性或刺激性的液体，应用滴定管或吸取器吸取。

（8）试管加热时不准把试管口朝向自己或别人，刚加热过的玻璃仪器不可接触皮肤及冷水。

（9）不准使用破碎的或不完整的玻璃器皿。

（10）蒸馏易挥发和易燃液体所用的玻璃容器必须完整、无缺陷，蒸馏时禁止用火加热，应采用热水浴法或其他适当方法。采用热水浴法时，应防止水浸入加热的液体内。

（11）用烧杯加热液体时，液体的高度不准超过烧杯的 2/3。

八、储存注意事项

（1）储存于阴凉、通风的库房。

（2）远离火种、热源。

（3）控制湿度。

（4）包装密封。

（5）配备相应品种和数量的消防器材。

（6）储区应备有合适的材料收容泄漏物。

（7）不准把氧化剂和还原剂以及其他容易互相起反应的化学药品存放在相邻近的地方。

（8）凡有毒性、易燃或有爆炸性的药品不准放在化验室的架子上，应存放在隔离的房间和柜内，并由专人负责保管。

（9）易爆物品、剧毒药品应用两把锁，钥匙分别由两人保管。使用和报废药品应有严格的管理制度。有挥发性的药品应存放在专门的柜内。

九、 急救措施

（1）皮肤接触应立即脱去污染的衣物，用大量流动清水冲洗至少15min，然后就医。

（2）眼睛接触应立即提起眼睑，用大量流动清水或生理盐水彻底冲洗至少15min，然后就医。

（3）误吸入应迅速脱离现场至空气新鲜处，保持呼吸道通畅。如呼吸困难，要进行输氧；如呼吸停止，立即进行人工呼吸，并及时就医。

十、 常用危险化学品

（一）硫化钠

1. 基本特性

（1）硫化钠也称臭碱，分子式为 Na_2S，无色或米黄色颗粒结晶，工业品为红褐色或砖红色块状。

（2）易溶于水，不溶于乙醚，微溶于乙醇。

（3）易燃，具强腐蚀性、刺激性，可致人体灼伤。

（4）无水物为自燃物品，其粉尘易在空气中自燃。

（5）遇酸分解，放出剧毒的易燃气体。

（6）粉体与空气可形成爆炸性混合物。其水溶液有腐蚀性和强烈的刺激性。

（7）100℃时开始蒸发，蒸气可侵蚀玻璃。

2. 操作注意事项

避免与氧化剂、酸类接触。

3. 储存注意事项

（1）应与氧化剂、酸类分开存放，切忌混储。

（2）库内湿度不大于85%。

（二）高锰酸钾

1. 基本特性

高锰酸钾又称灰锰氧，分子式为 K_2MnO_4，助燃，具腐蚀性、刺激性，可致人体灼伤。

2. 危害

（1）吸入后可引起呼吸道损害。

（2）溅落眼睛内，刺激结膜，重者致灼伤。

（3）刺激皮肤。浓溶液或结晶对皮肤有腐蚀性。

（4）口服腐蚀口腔和消化道，出现口内烧灼感、上腹痛、恶心、呕吐、口咽肿胀等。口服剂量大者，口腔黏膜呈棕黑色、肿胀糜烂，剧烈腹痛，呕吐，血便，休克，最后死于循环衰竭。

3. 操作注意事项

避免与还原剂、活性金属粉末接触。

4. 储存注意事项

（1）库温不超过 32℃，相对湿度不超过 80％。

（2）应与还原剂、活性金属粉末等分开存放，切忌混储。

（三）亚硝酸钠

1. 基本特性

（1）亚硝酸钠分子式为 $NaNO_2$，白色或淡黄色细结晶，无臭，略有咸味，易潮解。

（2）易溶于水，微溶于乙醇、甲醇、乙醚。

2. 危害

（1）毒作用为麻痹血管运动中枢、呼吸中枢及周围血管，形成高铁血红蛋白。

（2）急性中毒表现为全身无力、头痛、头晕、恶心、呕吐、腹泻、胸部紧迫感以及呼吸困难。检查见皮肤黏膜明显紫绀，严重者血压下降、昏迷、死亡。

3. 急救措施

误食宜饮足量温水，催吐。就医。

4. 操作注意事项

避免与还原剂、活性金属粉末、酸类接触。

5. 储存注意事项

（1）库温不超过 30℃，相对湿度不超过 80％。

（2）包装要求密封，不可与空气接触。

（3）应与还原剂、活性金属粉末、酸类分开存放，切忌混储。

（四）重铬酸钾

1. 基本特性

（1）重铬酸钾又称红矾钾，分子式为 $K_2Cr_2O_7$。橘红色结晶。

（2）溶于水，不溶于乙醇。

（3）助燃，为致癌物，具强腐蚀性、刺激性，可致人体灼伤。

2. 危害

（1）急性中毒：吸入后可引起急性呼吸道刺激症状、鼻出血、声音嘶哑、鼻黏膜萎缩，有时出现哮喘和紫绀。重者可发生化学性肺炎。口服可刺激和腐蚀消化道，引起恶心、呕吐、腹痛和血便等；重者出现呼吸困难、紫绀、休克、肝损害及急性肾功能衰竭等。

（2）慢性影响：有接触性皮炎、铬溃疡、鼻炎、鼻中隔穿孔及呼吸道炎症等。

3. 急救措施

（1）误食宜用水漱口，并用清水或 1‰硫代硫酸钠溶液洗胃。

（2）给饮牛奶或蛋清。

（3）做好常规现场救治后要及时就医。

4. 操作注意事项

（1）远离易燃、可燃物。

（2）避免与还原剂接触。

5. 储存注意事项

（1）包装密封。

（2）与易（可）燃物、还原剂等分开存放。

（五）硝酸钾

1. 基本特性

（1）硝酸钾又称火硝，分子式为 KNO_3。无色透明斜方或三方晶系颗粒或白色粉末。

（2）易溶于水，不溶于无水乙醇、乙醚。

（3）助燃，具刺激性。

2. 危害

（1）吸入本品粉尘对呼吸道有刺激性，高浓度吸入可引起肺水肿。大量接触可引起高铁血红蛋白血症，影响血液携氧能力，出现头痛、头晕、紫绀、恶心、呕吐。重者引起呼吸紊乱、虚脱，甚至死亡。

（2）口服引起剧烈腹痛、呕吐、血便、休克、全身抽搐、昏迷，甚至死亡。

（3）对皮肤和眼睛有强烈刺激性，甚至造成灼伤。皮肤反复接触引起皮肤干燥、皲裂和皮疹。

3. 急救措施

（1）误食宜用水漱口。

（2）给饮牛奶或蛋清。

（3）就医。

4. 操作注意事项

（1）远离易燃、可燃物。

（2）避免与还原剂、酸类、活性金属粉末接触。

5. 储存注意事项

（1）库温不超过 30℃，相对湿度不超过 80％。

（2）与还原剂、酸类、易（可）燃物、活性金属粉末分开存放，切忌混储。

（六）硝酸铵

1. 基本特性

（1）硝酸铵又称硝铵，分子式为 NH_4NO_3。无色无臭的透明结晶或呈白色的小颗粒，有潮解性。

（2）易溶于水、乙醇、丙酮、氨水，不溶于乙醚。

（3）助燃，具刺激性。

2. 危害

（1）对呼吸道、眼及皮肤有刺激性。接触后可引起恶心、呕吐、头痛、虚弱、无力和虚脱等。

（2）大量接触可引起高铁血红蛋白血症，影响血液的携氧能力，出现紫绀、头痛、头晕、虚脱，甚至死亡。

(3) 口服引起剧烈腹痛、呕吐、血便、休克、全身抽搐、昏迷，甚至死亡。

3. 急救措施

(1) 误食宜用水漱口。

(2) 给饮牛奶或蛋清。

(3) 就医。

4. 操作注意事项

避免与还原剂、酸类、活性金属粉末接触。

5. 储存注意事项

(1) 应与易（可）燃物、还原剂、酸类、活性金属粉末分开存放，切忌混储。

(2) 禁止震动、撞击和摩擦。

(七) 硝酸钠

1. 基本特性

(1) 硝酸钠又称智利硝，分子式为 $NaNO_3$。无色透明或白微带黄色的菱形结晶，味微苦，易潮解。

(2) 易溶于水、液氨，微溶于乙醇、甘油。

(3) 助燃，具刺激性。

2. 危害

(1) 对皮肤、黏膜有刺激性。

(2) 大量口服中毒时，患者剧烈腹痛、呕吐、血便、休克、全身抽搐、昏迷，甚至死亡。

3. 急救措施

(1) 误食宜用水漱口。

(2) 给饮牛奶或蛋清。

(3) 就医。

4. 操作注意事项

(1) 远离易燃、可燃物。

(2) 避免产生粉尘。

(3) 避免与还原剂、活性金属粉末、酸类接触。

5. 储存注意事项

(1) 库温不超过 30℃，相对湿度不超过 80%。

(2) 与还原剂、活性金属粉末、酸类、易（可）燃物等分开存放，切忌混储。

(八) 石油醚

1. 基本特性

(1) 石油醚又称石油精。主要成分：戊烷、己烷。无色透明液体，有煤油气味。

(2) 闪点：小于-20℃；爆炸上限 $[\%(V/V)]$：8.7；爆炸下限 $[\%(V/V)]$：1.1。

(3) 不溶于水，溶于无水乙醇、苯、氯仿、油类等多数有机溶剂。

(4) 极度易燃，具强刺激性。

2. 危害

(1) 健康危害：

1）其蒸气或雾对眼睛、黏膜和呼吸道有刺激性。

2）中毒表现可有烧灼感、咳嗽、喘息、喉炎、气短、头痛、恶心和呕吐。可引起周围神经炎。

3）对皮肤有强烈刺激性。

（2）环境危害：对环境有危害，对水体、土壤和大气可造成污染。

3. 急救措施

（1）误食宜用水漱口。

（2）给饮牛奶或蛋清。

（3）就医。

（九）丙酮

1. 基本特性

（1）丙酮又称阿西通，分子式为 C_3H_6O。无色透明易流动液体，有芳香气味，极易挥发。

（2）爆炸上限 [%(V/V)]：13.0；爆炸下限 [%(V/V)]：2.5。

（3）与水混溶，可混溶于乙醇、乙醚、氯仿、油类、烃类等。

（4）极度易燃，具刺激性。

2. 危害

（1）急性中毒主要表现为对中枢神经系统的麻醉作用，出现乏力、恶心、头痛、头晕、易激动。重者发生呕吐、气急、痉挛，甚至昏迷。对眼、鼻、喉有刺激性。口服后，先有口唇、咽喉烧灼感，后出现口干、呕吐、昏迷、酸中毒和酮症。

（2）慢性影响：长期接触该品出现眩晕、灼烧感、咽炎、支气管炎、乏力、易激动等。皮肤长期反复接触可致皮炎。

3. 操作注意事项

（1）建议操作人员戴安全防护眼镜，戴橡胶耐油手套。

（2）在通风橱操作，通风系统和设备使用防爆型。

（3）防止蒸气泄漏到工作场所空气中。

（4）避免与氧化剂、还原剂、碱类接触。

4. 储存注意事项

（1）远离火种、热源。

（2）库温不宜超过 26℃。

（3）采用防爆型照明、通风设施。

5. 急救措施

（1）误食宜饮水，禁止催吐。

（2）必要时就医。

（十）二异丙胺

1. 基本特性

（1）二异丙胺分子式为 $C_6H_{15}N$，无色，带氨臭的挥发性液体。

（2）微溶于水，溶于多数有机溶剂。

（3）易燃，具刺激性。

2．危害

（1）对呼吸道有刺激性，吸入蒸气可引起肺水肿。

（2）蒸气对眼有刺激性，液体可引起眼灼伤。

（3）口服引起恶心、呕吐、腹泻、腹痛、虚弱和虚脱。

（4）皮肤接触可致灼伤，皮肤反复接触可引起变异性皮炎。

3．急救措施

（1）误食宜用水漱口。

（2）给饮牛奶或蛋清。

（3）就医。

4．操作注意事项

（1）使用防爆型的通风系统和设备。

（2）防止蒸气泄漏到工作场所空气中。

（3）避免与氧化剂、酸类接触。

5．储存注意事项

（1）库温不宜超过 30℃。

（2）包装要求密封，不可与空气接触。

（3）应与氧化剂、酸类分开存放，切忌混储。

（4）采用防爆型照明、通风设施。

（5）禁止使用易产生火花的机械设备和工具。

（十一）正丁醇

1．基本特性

（1）正丁醇也称丁醇，分子式为 C_4H_7OH。无色透明液体，具有特殊气味。

（2）爆炸上限［$\%(V/V)$］：11.2；爆炸下限［$\%(V/V)$］：1.4。

（3）微溶于水，溶于乙醇、醚、多数有机溶剂。

（4）易燃，具刺激性。

2．危害

具有刺激和麻醉作用。主要症状为眼、鼻、喉部刺激，在角膜浅层形成半透明的空泡，头痛、头晕和嗜睡，手部可发生接触性皮炎。

3．急救措施

（1）误食宜饮足量温水。

（2）催吐。

（3）就医。

4．操作注意事项

（1）使用防爆型的通风系统和设备。

（2）防止蒸气泄漏到工作场所空气中。

（3）避免与氧化剂、酸类接触。

5．储存注意事项

（1）应与氧化剂、酸类等分开存放，切忌混储。

(2) 采用防爆型照明、通风设施。

(3) 禁止使用易产生火花的机械设备和工具。

(十二) 乙醇

1. 基本特性

(1) 乙醇也称酒精，分子式为 C_2H_5OH。无色液体，有酒香。

(2) 爆炸上限 $[\%(V/V)]$：19.0；爆炸下限 $[\%(V/V)]$：3.3。

(3) 与水混溶，可混溶于醚、氯仿、甘油等多数有机溶剂。

(4) 易燃，具刺激性。

2. 危害

为中枢神经系统抑制剂。首先引起兴奋，随后抑制。

(1) 急性中毒：多发生于口服。一般可分为兴奋、催眠、麻醉、窒息四阶段。患者进入第三或第四阶段，出现意识丧失、瞳孔扩大、呼吸不规律、休克、心力循环衰竭及呼吸停止。

(2) 慢性影响：在生产中长期接触高浓度乙醇，可引起鼻、眼、黏膜刺激症状，以及头痛、头晕、疲乏、易激动、震颤、恶心等。长期酗酒可引起多发性神经病、慢性胃炎、脂肪肝、肝硬化、心肌损害及器质性精神病等。皮肤长期接触可引起干燥、脱屑、皲裂和皮炎。

3. 急救措施

(1) 误食宜饮足量温水。

(2) 催吐。

(3) 就医。

4. 操作注意事项

(1) 使用防爆型的通风系统和设备。

(2) 避免与氧化剂、酸类、碱金属、胺类接触。

5. 储存注意事项

(1) 远离火种、热源。库温不宜超过 30℃。

(2) 应与氧化剂、酸类、碱金属、胺类等分开存放，切忌混储。

(3) 采用防爆型照明、通风设施。

(4) 禁止使用易产生火花的机械设备和工具。

(十三) 硝酸

1. 基本特性

(1) 硝酸分子式为 HNO_3，纯品为无色透明发烟液体，有酸味。

(2) 与水混溶。

(3) 助燃，具强腐蚀性、强刺激性，可致人体灼伤。

2. 危害

(1) 其蒸气有刺激作用，引起眼和上呼吸道刺激症状，如流泪、咽喉刺激感、呛咳，并伴有头痛、头晕、胸闷等。口服引起腹部剧痛，严重者可有胃穿孔、腹膜炎、喉痉挛、肾损害、休克以及窒息。皮肤接触引起灼伤。

（2）长期接触可引起牙齿酸蚀症。

（3）对环境有危害，对水体和土壤可造成污染。

3. 急救措施

（1）误食宜用水漱口。

（2）给饮牛奶或蛋清。

（3）就医。

4. 操作注意事项

（1）操作尽可能机械化、自动化。

（2）防止蒸气泄漏到工作场所空气中。

（3）避免与还原剂、碱类、醇类、碱金属接触。

（4）稀释或制备溶液时，应把酸加入水中，避免沸腾和飞溅。

5. 储存注意事项

（1）库温不宜超过 30℃。保持容器密封。

（2）应与还原剂、碱类、醇类、碱金属等分开存放，切忌混储。

（十四）四氯化碳

1. 基本特性

（1）四氯化碳又称四氯甲烷，分子式为 CCl_4。无色有特臭的透明液体，极易挥发。

（2）微溶于水，易溶于多数有机溶剂。

（3）不燃，有毒。

2. 危害

（1）高浓度四氯化碳蒸气对黏膜有轻度刺激作用，对中枢神经系统有麻醉作用，对肝、肾有严重损害。

（2）急性中毒：吸入较高浓度蒸气，最初出现眼及上呼吸道刺激症状；随后可出现中枢神经系统抑制和胃肠道症状。较严重病例数小时或数天后出现中毒性肝肾损伤。重者甚至发生肝坏死、肝昏迷或急性肾功能衰竭。吸入极高浓度可迅速出现昏迷、抽搐，可因室颤和呼吸中枢麻痹而猝死。口服中毒肝肾损害明显。少数病例发生周围神经炎、球后视神经炎。皮肤直接接触可致损害。

（3）慢性中毒：神经衰弱综合征、肝肾损害、皮炎。

3. 急救措施

（1）误食宜饮足量温水。

（2）催吐。

（3）洗胃。

（4）就医。

4. 操作注意事项

（1）防止蒸气泄漏到工作场所空气中。

（2）避免与氧化剂、活性金属粉末接触。

（3）搬运时要轻装轻卸，防止包装及容器损坏。

5. 储存注意事项

（1）库温不超过 30℃，相对湿度不超过 80%。

（2）应与氧化剂、活性金属粉末、食用化学品分开存放，切忌混储。

（十五）硫酸汞

1. 基本特性

（1）硫酸汞又称硫酸高汞，分子式为 Hg_2SO_4，白色结晶粉末，无气味。

（2）溶于盐酸、热硫酸、浓氯化钠溶液，不溶于丙酮、氨水。

（3）不燃，有毒。

2. 危害

（1）急性中毒一般起病急，有头痛、头晕、低热、口腔炎、皮疹、呼吸道刺激症状、肺炎、肾损害。

（2）慢性汞中毒表现有神经衰弱、震颤、口腔炎、齿龈有汞线等。

（3）对环境有危害，对水体可造成污染。

3. 急救措施

（1）误食宜饮足量温水。

（2）催吐。

（3）就医。

4. 操作注意事项

避免与氧化剂接触。

5. 储存注意事项

（1）包装必须密封，切勿受潮。

（2）应与氧化剂、食用化学品等分开存放，切忌混储。

（十六）氯化钡

1. 基本特性

（1）氯化钡分子式为 $BaCl_2$，白色粉末，无臭。

（2）溶于水，不溶于丙酮、乙醇，微溶于乙酸、硫酸。

（3）不燃，高毒。

2. 危害

（1）急性症状：口服后急性中毒表现为恶心、呕吐、腹痛、腹泻、脉缓、进行性肌麻痹、心律紊乱、血钾明显降低等。可因心律紊乱和呼吸肌麻痹而死亡。吸入烟尘可引起中毒，但消化道症状不明显。接触高温溶液造成皮肤灼伤可同时吸收中毒。

（2）慢性影响：长期接触钡化合物，可有无力、气促、流涎、口腔黏膜肿胀糜烂、鼻炎、结膜炎、腹泻、心动过速、血压增高、脱发等。

3. 急救措施

（1）误食宜饮足量温水，催吐。

（2）用2%～5%硫酸钠溶液洗胃，导泻。

（3）就医。

4. 操作注意事项

避免与氧化剂、酸类接触。

5. 储存注意事项

应与氧化剂、酸类、食用化学品分开存放，切忌混储。

（十七）氟化钠

1. 基本特性

（1）氟化钠分子式为 NaF，白色粉末或结晶，无臭。

（2）溶于水，微溶于醇。

（3）不燃，高毒。

2. 危害

具刺激性，严重损害黏膜、上呼吸道、眼睛和皮肤。

（1）急性中毒：多为误服所致。服后立即出现剧烈恶心、呕吐、腹痛、腹泻。重者休克、呼吸困难、紫绀。如不及时抢救可致死亡。部分患者出现荨麻疹，吞咽肌麻痹，手足抽搐或四肢肌肉疼挛。短期内吸入大量粉尘，引起呼吸道刺激症状，并伴有头昏、头痛、无力及消化道症状。

（2）慢性影响：长期较高浓度吸入可引起氟骨症。可致皮炎，重者出现溃疡或大疱。

3. 急救措施

（1）误食宜饮足量温水，催吐。

（2）洗胃。

（3）就医。

4. 操作注意事项

避免与酸类接触。

5. 储存注意事项

（1）库温不超过 30℃，相对湿度不超过 80%。

（2）应与酸类、食用化学品分开存放，切忌混储。

（十八）硝酸银

1. 基本特性

（1）硝酸银分子式为 $AgNO_3$，无色透明的斜方结晶或白色的结晶，有苦味。

（2）易溶于水、碱，微溶于乙醚。

（3）助燃，高毒。

2. 危害

（1）误服硝酸银可引起剧烈腹痛、呕吐、血便，甚至发生胃肠道穿孔；可造成皮肤和眼灼伤。

（2）长期接触会出现全身性银质沉着症。表现包括全身皮肤广泛的色素沉着，呈灰蓝黑色或浅石板色；眼部银质沉着造成眼损害；呼吸道银质沉着造成慢性支气管炎等。

3. 急救措施

（1）误食宜用水漱口。

（2）给饮牛奶或蛋清。

（3）就医。

4. 操作注意事项

（1）远离易燃、可燃物。

（2）避免与还原剂、碱类、醇类接触。

5. 储存注意事项

(1) 库温不超过 30℃，相对湿度不超过 80%。

(2) 包装必须密封，切勿受潮。应与易（可）燃物、还原剂、碱类、醇类分开存放，切忌混储。

（十九）五氧化二钒

1. 基本特性

(1) 五氧化二钒也称钒酸酐，分子式为 V_2O_5。

(2) 微溶于水，不溶于乙醇，溶于浓酸、碱。

(3) 不燃，高毒。

2. 危害

对呼吸系统和皮肤有损害。

(1) 急性中毒可引起鼻、咽、肺部刺激症状，接触者出现眼烧灼感、流泪、咽痒、干咳、胸闷、全身不适、倦怠等表现，重者出现支气管炎或支气管肺炎。皮肤高浓度接触可致皮炎，剧烈瘙痒。

(2) 慢性中毒：长期接触可引起慢性支气管炎、肾损害、视力障碍等。

3. 急救措施

(1) 误食宜饮足量温水。

(2) 催吐。

(3) 就医。

4. 操作注意事项

(1) 远离易燃、可燃物。

(2) 避免与酸类接触。

5. 储存注意事项

(1) 应与易（可）燃物、酸类分开存放，切忌混储。

(2) 按照《危险化学品名录》（2015 版）不属于剧毒化学品，但按照原《剧毒化学品目录》（2002 版）为剧毒化学品，建议执行极毒物品"五双"管理制度。

（二十）水合联氨

1. 基本特性

(1) 水合联氨也称水合肼，分子式为 $N_2H_4 \cdot H_2O$，无色发烟液体，微有特殊的氨臭味。

(2) 与水混溶，不溶于氯仿、乙醚，可混溶于乙醇。

2. 危害

(1) 吸入蒸气，刺激鼻和上呼吸道，可出现头晕、恶心、呕吐和中枢神经系统症状。

(2) 液体或蒸气对眼有刺激作用，可致眼的永久性损害。

(3) 对皮肤有刺激性，可造成严重灼伤。可经皮肤吸收引起中毒。可致皮炎。

(4) 口服引起头晕、恶心，以后出现暂时性中枢性呼吸抑制、心律紊乱，以及中枢神经系统症状，如嗜睡、运动障碍、共济失调、麻木等。肝功能可出现异常。

(5) 慢性影响：长期接触可出现神经衰弱综合征，肝大及肝功能异常。

3. 急救措施

(1) 误食宜饮足量温水，催吐。

(2) 洗胃。

(3) 就医。

4. 储存注意事项

(1) 库温不超过 30℃，相对湿度不超过 80%。

(2) 应与氧化剂、酸类、金属粉末分开存放，切忌混储。

(3) 按照《危险化学品名录》（2015 版）不属于剧毒化学品，但按照原《剧毒化学品目录》（2002 版）为剧毒化学品，建议执行极毒物品"五双"管理制度。

(二十一) 磷酸三钠

1. 基本特性

(1) 磷酸三钠也称磷酸钠，分子式为 Na_3PO_4，无色晶体，在干燥空气中易风化。

(2) 溶于水，不溶于乙醇、二硫化碳。

2. 危害

对黏膜有轻度刺激作用。

3. 急救措施

(1) 误服宜立即漱口，给饮牛奶或蛋清。

(2) 就医。

4. 操作注意事项

(1) 建议操作人员佩戴自吸过滤式防尘口罩。

(2) 避免与酸类接触。

5. 储存注意事项

远离火种、热源。应与酸类分开存放，切忌混储。

(二十二) 铬酸钾

1. 基本特性

(1) 铬酸钾也称铬酸二钾，分子式为 K_2CrO_4，黄色斜方晶体。

(2) 溶于水，不溶于乙醇。

2. 危害

(1) 对眼、皮肤和黏膜具腐蚀性，可造成严重灼伤。

(2) 吸入引起咽痛、咳嗽、气短，可致过敏性哮喘和肺炎。

(3) 长期接触能引起鼻黏膜溃疡和鼻中隔穿孔。

(4) 可引起肺癌。

3. 急救措施

(1) 误食宜用清水或 1% 硫代硫酸钠溶液洗胃。

(2) 给饮牛奶或蛋清。

(3) 就医。

4. 操作注意事项

(1) 远离易燃、可燃物。

(2) 避免与还原剂接触。

5. 储存注意事项

(1) 防止阳光直射。

(2) 包装密封。

(3) 应与还原剂、易（可）燃物分开存放，切忌混储。

（二十三）偏钒酸铵

1. 基本特性

(1) 偏钒酸铵分子式为 NH_4VO_3，无色至黄色结晶粉末。

(2) 难溶于常温水，但溶于热水、氨水，不溶于乙醇、醚。

2. 危害

(1) 粉尘能刺激眼睛、皮肤和呼吸道。

(2) 吸入引起咳嗽、胸痛、口中金属味和精神症状。对肝、肾有损害。

(3) 皮肤接触可引起荨麻疹。

3. 急救措施

(1) 误食宜饮足量温水。

(2) 催吐，洗胃，导泄。

(3) 就医。

4. 操作注意事项

(1) 粉碎时要将材料喷湿，防止粉尘释放到车间空气中。

(2) 远离易燃、可燃物。

(3) 避免与还原剂接触。

5. 储存注意事项

(1) 防止阳光直射。

(2) 包装密封。

(3) 应与还原剂、易（可）燃物分开存放，切忌混储。

（二十四）冰乙酸

1. 基本特性

(1) 冰乙酸分子式为 $C_2H_4O_2$，CH_3COOH。无色透明液体，有刺激性酸臭。

(2) 溶于水、醚、甘油，不溶于二硫化碳。

2. 危害

(1) 吸入蒸气对鼻、喉和呼吸道有刺激性。

(2) 对眼有强烈刺激作用。

(3) 皮肤接触，轻者出现红斑，重者引起化学灼伤。

(4) 误服浓乙酸，口腔和消化道可产生糜烂，重者可因休克而致死。

(5) 慢性影响：眼睑水肿、结膜充血、慢性咽炎和支气管炎。长期反复接触，可致皮肤干燥、脱脂和皮炎。

3. 急救措施

(1) 误服者宜饮大量温水，催吐。

（2）就医。

4. 操作注意事项

（1）避免与氧化剂、碱类接触。

（2）在通风橱内操作，通风系统和设备使用防爆型。

5. 储存注意事项

（1）冻季应保持库温高于 16℃，以防凝固。

（2）应与氧化剂、碱分开存放，切忌混储。

（3）采用防爆型照明、通风设施。禁止使用易产生火花的机械设备和工具。

（二十五）酒石酸锑钾

1. 基本特性

（1）酒石酸锑钾也称吐酒石。分子式为 $C_8H_{18}K_2O_{15}Sb_2$，黄色至橙黄色结晶。

（2）溶于水、甘油，不溶于乙醇。

（3）水溶液呈酸性。

2. 危害

有腐蚀性，对皮肤和黏膜有刺激性，重者可发生心脏和肝脏的毒性反应，甚至引起死亡。

3. 急救措施

如果误食要用水漱口并就医。

4. 操作注意事项

（1）防止蒸气泄漏到工作场所空气中。

（2）避免与酸类、金属粉末接触。

5. 储存注意事项

（1）库温不宜超过 30℃。

（2）应与碱类、金属粉末等分开存放，切忌混储。

第二节 危险化学品采样安全

危险化学品采样过程存在安全风险，可能给采样人及他人安全带来伤害。

一、一般安全规定

（一）安全条件

（1）采样地点要有出入安全的通路和符合要求的照明、通风条件。

（2）采样者要完全了解样品的危险性及预防措施，要接受安全培训和训练，正确使用火火器、防护眼镜和防护服等。

（3）通过旋塞取流体样品时，为了避免阀门开位卡住时，可能导致流体大量流出，采样设备应具有随时限制流出总量和流速的装置。

（4）对液体进行采样时，为了预防溢出，应当准备收集设施，采样点设置常备防护板，着防护服。

(5) 对液体和气体的采样，在任何时候都应该有阀门来切断采样点与物料或管线的联系。该阀门应安装在采样点附近，但不要太靠近，以便万一发生意外时可以安全地控制流体。

（二）操作要求

(1) 取样前，需要用危险化学品物料置换清洗样品容器时，应该密闭取样，或准备适当的装置去处理那些清洗用的物料。气体应排放到远离采样者和其他工作人员的地方。

(2) 应在采样前或采样后尽快在容器上作出标记，标明物料的性质及其危险性。

(3) 危险化学品取样要使用密闭取样器，置换介质不允许无组织排放。

(4) 高温介质取样必须通过冷却装置，应保持冷却水管畅通和冷却水量充足。

(5) 在储罐或槽顶部采样时要预防滑倒或跌落。

(6) 装有样品的容器应可靠运输，防止磕碰、泄漏，引起伤害。

(7) 采样器械要与待采物料的性质相适应，易挥发样品容器要能密闭并附有泄压装置。

(8) 采样后，采样者必须确保所有被打开的部件与采样口按照要求重新关闭好。

（三）监护要求

(1) 采样时，双人参与，一人操作，一人监护。

(2) 采样时，监护人应处于能清楚地看到采样点的地方，并方便必要时关闭切断阀。

(3) 监护人应受过必要的应急培训。

二、 氧化性物质采样安全

(1) 在采样地点附近尽可能没有可燃物。

(2) 应准备足够的、适用的灭火器。

(3) 样品的运输器内不应有可燃物。

(4) 禁止吸烟，禁止使用无防护的灯。

(5) 任何泄漏都应报告并尽快排除。

(6) 应戴上防护眼镜，穿上防护服。

三、 易燃物质采样安全

(1) 采样点附近禁止烟火，禁止使用无防护的灯和产生火花的装置，不能有潜在的着火因素。

(2) 采取预防措施以确保不存在静电荷。

1）装有橡胶轮胎的车辆在开动前要接地。

2）固定装置上的采样点应单独接地。

3）采样者应穿棉织品衣服，穿导电鞋。

4）液体流动和液体混合时会产生静电。在液体运动停止之后应放足够的时间以确保由运动而产生的电荷全部进入地下，再进行采样。

(3) 应准备足够的、适用的灭火器。

(4) 泄漏的易燃液体不应排入下水道。

(5) 禁止室内采样，如必须室内采样，应注意通风。

四、 毒物采样安全

（1）经常接触毒物的人员应定期进行体格检查。

（2）禁止在毒物附近饮食。

（3）应有合适的冲洗设施，供采样者在接触样品容器之后和离开现场使用。

五、 刺激性物质采样安全

（1）要有合适的面部和皮肤防护。

（2）采样点附近必须有喷淋器，并加防冻保护。

第三节　水处理装置危险化学品使用安全

一、 水处理药品的使用

（1）储存生石灰、菱苦土、凝聚剂及漂白粉等药品的房屋应通风良好，保持室内干燥、无潮气。

（2）使用和搬运这些药品的工作人员，应熟悉药品的特性和操作方法。工作时应穿工作服，戴防护眼镜、口罩、手套，穿橡胶靴。在露天装卸这些药品时，应站在上风的位置，以防吸入飞扬的药品粉末。

（3）工作地点应装有自来水，并备有毛巾和肥皂。

（4）不准把装过漂白粉的空桶放在厂房内。撒落在地面上的漂白粉应立即清除干净。

（5）联氨在搬运和使用时，必须放在密封的容器内，不准与人体直接接触。如漏落在地上，应立即用水冲刷干净。联氨及其容器的存放地点，应安全可靠，禁止无关人员靠近。

二、 强酸性或强碱性药品的使用

（一） 通用要求

（1）在进行酸碱类工作的地点，应备有自来水、毛巾、药棉及急救时中和用的溶液。

（2）搬运和使用浓酸或强碱性药品的工作人员，应熟悉药品的性质和操作方法；并根据工作需要戴口罩、橡胶手套及防护眼镜，穿橡胶围裙及长筒胶靴（裤脚须放在靴外）。

（3）搬运密封的浓酸或浓苛性碱溶液的坛子时，应将坛子放在牢固的木箱或框篮内（口朝上），并用软物塞紧。木箱或框篮上应有牢固的把手，由两人搬一个坛子，不准由一人单独搬运。用车子或抬箱搬运时，必须将木箱或框篮稳固地放在车上或抬箱中，或者加以捆绑。禁止用肩扛、背驮或抱住的方法搬运坛子。

（4）搬运的道路应畅通，并在必要地点设有水源和急救站。

（5）地下或半地下的酸碱罐的顶部不准站人。酸碱罐周围应设围栏及明显的标志。

（6）酸碱槽车进厂后应取样检验。用压缩空气顶压卸车时，顶压的压力不准超过槽车允许的压力。严禁在带压下开启法兰泄压。无送气门、空气门的槽车和不准承压的槽车，都禁止用压缩空气顶压卸车。

117

（二）强酸使用

（1）凡属使用浓酸的一切操作，都必须在室外或宽阔和通风良好的室内通风柜内进行。如果室内没有通风柜，则须装强力的通风设备。

（2）从酸槽或酸坛中取出酸液，一般应用虹吸管吸取（但不准用不耐酸的橡胶管）。在室内取酸时，如必须用酸瓶倒酸，则操作应特别缓慢，下面应放置较大的玻璃盆或陶瓷盆。

（3）配制稀酸时，禁止将水倒入酸内，应将浓酸少量地、缓慢地滴入水内，并不断进行搅拌，以防剧烈发热。

（4）当浓酸倾撒在室内时，应先用碱中和，再用水冲洗；或先用泥土吸收，扫除后再用水冲洗。

（三）强碱使用

（1）开启苛性碱桶及溶解苛性碱，均须戴橡胶手套、口罩和眼镜，并使用专用工具。打碎大块苛性碱时，可先用废布包住，以免细块飞出。

（2）配制热的浓碱液时，必须在通风良好的地点或在通风柜内进行。溶解的速度要慢，并经常以木棒搅拌。

三、 液氯设备的运行

（1）氯气室屋顶应设有足够的淋水设施（水门应装在室外）和排气风扇。

（2）加液氯工作应由两人进行。

（3）氯瓶应涂有暗绿色"液氯"字样的明显标志。

（4）氯瓶禁止放在烈日下曝晒和用明火烤。为增加氯气挥发量，应用淋水法，但水温不宜过高，更不准用沸水浇氯瓶安全阀。

（5）应用10％氨水检查储氯设备有无泄漏，如有泄漏应及时处理，漏氯处不可与水接触，以防腐蚀。

（6）当发生故障有大量氯气漏出时，工作人员应立即戴上防毒面具，关闭门窗，开启室内淋水阀门，将氯瓶放入碱水池中。最后，用排气风扇抽出余氯。

（7）氯气中毒，较轻微，仍能行动者，应立即离开现场，口服复方樟脑酊解毒，并在胸部用冷湿敷法救护；中毒较重者应吸氧气；如已昏迷者，应立即施行人工呼吸法，并通知医务人员急救。

四、 应急处置

（1）当凝聚剂或漂白粉溶液溅到眼睛内时，必须立即用大量清水冲洗。漂白粉溶液溅到皮肤上时，应立即用水和肥皂冲洗。

（2）当浓酸溅到眼睛内或皮肤上时，应迅速用大量的清水冲洗，再以0.5％的碳酸氢钠溶液清洗。当强碱溅到眼睛内或皮肤上时，应迅速用大量的清水冲洗，再用2％的稀硼酸溶液清洗眼睛或用1％的醋酸清洗皮肤。经过上述紧急处理后，应立即送医务所急救。当浓酸溅到衣服上时，应先用水冲洗，然后用2％稀碱液中和，最后再用水清洗。

第四节　氢　站　安　全

氢气主要用于发电机冷却。氢站主要分为制氢、储氢两种方式。

一、氢气性质

氢气无色、无臭、无味，空气中高浓度氢气易造成缺氧，会使人窒息。氢气比空气轻，相对密度（空气＝1）为 0.07，氢气泄漏后会迅速向高处扩散；在－252℃时变成无色液体，－259℃时变为雪花状固体。

氢气极易燃烧，点火能量很低，在空气中的最小点火能为 0.019mJ，在氧气中的最小点火能为 0.007mJ，一般撞击、摩擦、不同电位之间的放电、各种爆炸材料的引燃、明火、热气流、高温烟气、雷电感应、电磁辐射等都可点燃氢气-空气混合物；氢气燃烧时的火焰没有颜色，肉眼不易察觉。

氢气与空气混合容易形成爆炸性混合物。氢气在空气中的爆炸范围较宽，为 4%～75%（体积分数），在氧气中的爆炸范围为 4.5%～95%（体积分数），因此氢气－空气混合物很容易发生爆燃，爆燃产生的热气体迅速膨胀，形成的冲击波会对人员造成伤亡，对周围设备及附近的建筑物造成破坏。

氢气的化学活性很大，与空气、氧、卤素和强氧化剂能发生剧烈反应，有燃烧爆炸的危险，而金属催化剂如铂和镍等会促进上述反应。

二、一般安全要求

（1）输入系统的氢气含氧量不得超过 0.5%。

（2）氢气系统运行时，不准敲击，不准带压修理和紧固，不得超压，严禁负压。

（3）管道、阀门和水封装置冻结时，只能用热水或蒸汽加热解冻，严禁使用明火烘烤。

（4）设备、管道和阀门等连接点泄漏检查，可采用肥皂水或携带式可燃性气体防爆检测仪，禁止使用明火。

（5）不准在室内排放氢气。吹洗置换，放空降压，必须通过放空管排放。

（6）当氢气发生大量泄漏或积聚时，应立即切断气源，进行通风，不得进行可能发生火花的一切操作。

（7）作业时应使用不产生火花的工具。

（8）严禁在禁火区域内吸烟、使用明火。

（9）氢气灌（充）装站、供氢站、实瓶间、空瓶间周边至少 10m 内不得有明火。

（10）禁止将氢气系统内的氢气排放在建筑物内部。

（11）供氢站、氢气罐、充（灌）装站和汇流排间应按 GB 50057《建筑物防雷设计规范》和 GB 50058《爆炸危险环境电力装置设计规范》的要求设置防雷接地设施。防雷装置应每年检测一次，对爆炸危险环境场所的防雷装置宜每半年检测一次。所有防雷防静电接地装置应定期检测接地电阻。

（12）实瓶间应有遮阳措施，防止阳光直射气瓶。

（13）氢气充（灌）装间不应存放实瓶，空瓶数量不应超过汇流排待充瓶位的数量。

（14）按 GB 2894《安全标志及其使用导则》的规定在供氢站、氢气罐、充（灌）装站和汇流排间周围设置安全标识。

（15）任何场所的民用氢气球不得使用氢气作为充装气体。

（16）氢气罐新安装（出厂已超过一年时间）或大修后应进行压强和气密试验，试验合格后方能使用。压强试验应按最高工作压力 1.5 倍进行水压试验；气密试验应按最高工作压力试验，以无任何泄漏为合格。

（17）氢气使用区域应通风良好。保证空气中氢气最高含量不超过 1%（体积）。

三、 作业人员要求

（1）作业人员应经过岗位培训、考试合格后持证上岗。

（2）特种作业人员应经过专业培训，持有特种作业资格证，并在有效期内持证上岗。

（3）作业人员上岗时应穿符合 GB 12014《防静电工作服》规定的阻燃、防静电工作服和符合 GB 4385《防静电鞋、导电鞋技术要求》规定的防静电鞋。工作服宜上、下身分开，容易脱卸。

（4）严禁在爆炸危险区域穿脱衣服、摘戴帽子或类似物。

（5）严禁携带火种、非防爆电子设备进入爆炸危险区域。

（6）作业人员应无色盲、无妨碍操作的疾病和其他生理缺陷，且应避免服用某些影响操作或判断力的药物后作业。

四、 投用操作要求

（1）新安装或大修后的氢气系统必须做耐压试验、清洗和气密试验，符合有关的检验要求，才能投入使用。

（2）氢气系统吹洗置换，一般可采用氮气（或其他惰性气体）置换法或注水排气法。氮气置换法应符合下列要求：

1）氮气中含氧量不得超过 3%。

2）置换必须彻底，防止死角末端残留余气。

3）置换结束，系统内氧或氢的含量必须连续三次分析合格。

（3）防止明火和其他激发能源。禁止使用电炉、电钻、火炉、喷灯等一切产生明火、高温的工具与热物体；不得携带火种进入禁火区；选用铜质或铍铜合金工具；穿棉质工作服和防静电鞋。

五、 氢气系统运行

（1）氢气质量应满足其安全使用要求。

（2）氢气系统停运后，应用盲板或其他有效隔离措施隔断与运行设备的联系，应使用符合安全要求的惰性气体（其氧气体积分数不得超过 3%）进行置换吹扫。

（3）首次使用和大修后的氢气系统应进行耐压、清洗（吹扫）和气密试验，符合要求后方可投入使用。钢质无缝气瓶集装装置组装后应进行气密性试验，其试验压力为气瓶的公称工作压力，应以无泄漏点为合格，试验介质应为氮气或无油空气。

（4）氢气系统中氢气中氧的体积分数不得超过 0.5%，氢气系统应设有氧含量小于 3%

的惰性气体置换吹扫设施。

（5）氢气系统设备运行时，禁止敲击、带压维修和紧固，不得超压。禁止处于负压状态。

（6）氢气设备应严防泄漏，所用的仪表及阀门等零部件密封应确保良好，定期检查，对设备发生氢气泄漏的部位应及时处理。

（7）对氢气设备、管道和阀门等连接点进行漏气检查时，应使用中性肥皂水或携带式可燃气体检测报警仪，禁止使用明火进行漏气检查。携带式可燃气体检测报警仪应定期校验。

（8）氢气管道、阀门及水封等出现冻结时，作业人员应使用热水或蒸汽加热进行解冻，且应戴面罩进行操作。禁止使用明火烘烤或使用锤子等工具敲击。

（9）与氢气相关的所有电气设备应有防静电接地装置，应定期检测接地电阻，每年至少检测一次。

（10）因生产需要在室内（现场）使用氢气瓶，其数量不得超过 5 瓶，室内（现场）的通风条件符合 GB 4962—2008《氢气使用安全技术规程》4.1.5 要求，且布置符合如下要求：

1）氢气瓶与盛有易燃易爆、可燃物质及氧化性气体的容器和气瓶的间距不应小于 8m。

2）与明火或普通电气设备的间距不应小于 10m。

3）与空调装置、空气压缩机和通风设备（非防爆）等吸风口的间距不应小于 20m。

4）与其他可燃性气体储存地点的间距不应小于 20m。

（11）氢气瓶瓶体在运输中瓶口应设有瓶帽（有防护罩的气瓶除外）、防震圈（集装气瓶除外）等防碰撞措施，以防止损坏阀门。

（12）氢气瓶使用时应装减压器，减压器接口和管路接口处的螺纹，旋入时应不少于五牙。

（13）气瓶嘴冻结时应先将阀门关闭，后用温水解冻。

（14）不得将气瓶内的气体用尽，瓶内至少应保留 0.05MPa 以上的压力，以防空气进入气瓶。

（15）气瓶阀门如有损坏，应由相关资质单位检修。

（16）开启气瓶阀门时，作业人员应站在阀口的侧后方，缓慢开启气瓶阀门。

（17）根据 TSG R0006《气瓶安全技术监察规程》的规定，氢气瓶应定期（每 3 年）进行检验，气瓶上应有检验钢印及检验色标。

（18）氢气瓶集装装置的汇流总管和支管均宜采用优质紫铜管或不锈钢钢管。为保证焊缝的严密性，紫铜管及管件的焊接采用银钎焊，焊接完成后对管道、管件、焊缝进行消除应力及软化退火处理。集装装置的汇流总管和支管使用前应经水压试验合格。

六、置换作业要求

（1）氢气系统被置换的设备、管道等应与系统进行可靠隔绝。

（2）采用惰性气体置换法应符合下列要求：

1）惰性气体中氧的体积分数不得超过 3%。

2）置换应彻底，防止死角末端残留余氢。

3）氢气系统内氧或氢的含量应至少连续 2 次分析合格，氢气系统内氧的体积分数小于或等于 0.5%，氢的体积分数小于或等于 0.4% 时置换结束。

（3）采用注水排气法应符合下列要求：

1）应保证设备、管道内被水注满，所有氢气被全部排出。

2）水注满时在设备顶部最高处溢流口应有水溢出，并持续一段时间。

3）钢质无缝气瓶集装装置可采用下列方法置换。

a. 压力置换法。向设备或系统充情性气体，充气压强不小于 0.2MPa，然后放出，重复多次后再用氢气置换多次，然后取样化验，合格后通氢气。也可用情性气体直接进行置换。

b. 抽空置换法。适用于能够承受负压的设备或系统。该方法先用情性气体对设备或系统充压至 0.2MPa（表压），再抽空排掉设备或系统内气体。重复充气－抽空步骤 2~5 次，然后取样分析，合格后再通氢气。

4）若储存容器是底部设置进（排）气管，从底部置换时，每次充入一定量惰性气体后应停留 2~3h，充分混合后排放，直到分析检验合格为止。

5）置换吹扫后的气体应通过排放管排放。

七、储氢安全要求

（1）气瓶应直立地固定在支架上，不要受热，并尽量避免直接受日光照射。

（2）储氢罐上应涂以白色。

（3）储氢罐上的安全门应定期校验，保证动作良好。

（4）氢气瓶使用时应采用有效的方式固定，防止倾倒。气瓶、管路、阀门和接头应固定，不得松动、移位，且管路和阀门应有防止碰撞的防护装置。

（5）多层建筑内使用氢气瓶，除生产特殊需要外，一般宜布置在顶层外墙处。

八、制氢安全要求

（一）安全设施

（1）制氢电解槽和有关装置（如压力调整器等）必须定期进行检修和维护，保持正常运行，以保证氢气的纯度符合规定。

（2）值班室内应设有带报警的压力调整器液位监测仪表。压力调整器发生故障时应停止电解槽运行。

（3）储氢罐周围（一般在 10m 以内）应设有围栏，在制氢室中和发电机的附近，应备有必要的消防设备。

（4）门窗应有防止产生静电、火花的措施，门应向外开，室外还应装防雷装置。

（5）制氢室和机组的供氢站应采用防爆型电气装置。

（6）制氢室内和其他装有氢气的设备附近，严禁烟火，严禁放置易爆易燃物品，并应设"严禁烟火"的标示牌。

（7）在制氢电解槽氢气出口管上应有带报警的氢中含氧量在线监测仪表。

（二）个人防护

（1）工作人员不准穿有钉子的鞋。

（2）制氢室中应备有橡胶手套和防护眼镜，以供进行与碱液有关的工作时使用；还应备有稀硼酸溶液，以供中和溅到眼睛或皮肤上的碱液。

（3）进行制氢设备维护工作时，手和衣服不应沾有油脂。

（4）禁止与工作无关的人员进入制氢室。

（三）操作要求

（1）禁止在制氢室中或氢冷发电机与储氢罐近旁进行明火作业或做能产生火花的工作。如必须在氢气管道附近进行焊接或点火的工作，应事先经过氢量测定，证实工作区域内空气中含氢量小于 3%，并经厂主管生产的副厂长（或总工程师）批准后方可工作。

（2）制氢室内的管道、阀门或其他设备发生冻结时，应用蒸汽或热水解冻，禁止用火烤。

（3）为了检查各连接处有无漏氢的情况，可用仪器或肥皂水进行检查，禁止用火检查。

（4）排出带有压力的氢气、氧气或向储氢罐、发电机输送氢气时，应均匀缓慢地打开设备上的阀门和节气门，使气体缓慢地放出或输送。禁止剧烈地排送，以防因摩擦引起自燃。

（5）不要用水碰触电解槽，禁止用两只手分别接触到两个不同的电极上。

（6）油脂和油类不准和氧气接触，以防油剧烈氧化而燃烧。

（7）制氢设备氢气系统中，气体含氢量不应低于 99.5%，含氧量不应超过 0.5%。如果达不到标准，应立即进行处理，直到合格为止。

（四）应急处置

（1）制氢室着火时，应立即停止电气设备运行，切断电源，排除系统压力，并用二氧化碳灭火器灭火。

（2）由于漏氢而着火时，应用二氧化碳灭火并用石棉布密封漏氢处，不使氢气逸出，或采用其他方法断绝气源。

九、 发电机氢冷系统

（1）氢冷发电机的冷却介质进行置换时，应按专门的置换规程进行。在置换过程中，须注意取样与化验工作的正确性，防止误判断。

（2）发电机氢冷系统和制氢设备中的氢气纯度和含氧量，在运行中必须按专用规程的要求进行分析化验。

（3）氢纯度和含氧量必须符合规定标准，发电机氢冷系统中的氢气纯度按容积计不应低于 96%，含氧量不应超过 1.2%。

（4）氢冷发电机的轴封必须严密，当机内充满氢气时，轴封油不准中断，油压应大于氢压，以防因空气进入发电机外壳内或氢气充满汽轮机的油系统中而引起爆炸。

（5）油箱上的排烟风机应保持经常运行。如排烟风机发生故障，应采取措施使油箱内不积存氢气。

（6）定期检测氢冷发电机组油系统、主油箱、封闭母线外套的氢气体积含量，超过 1%应停机查漏消缺。当内冷水箱的含氢量达到 3%时应报警，在 120h 内缺陷未能消除或含氢量升到 20%时，应停机处理。

（7）为了防止因阀门不严密发生漏氢气或漏空气而引起爆炸，当发电机为氢气冷却运行时，空气、二氧化碳的管路必须隔断，并加严密的堵板。

（8）当发电机内置换为空气时，氢气的管路也应隔断，并加装严密的堵板。

（9）氢冷发电机的排氢管必须接至室外。

（10）排氢管的排氢能力应与汽轮机破坏真空停机的惰走时间相配合。

十、 应急处置

（1）氢气发生大量泄漏或积聚时，应采取以下措施：

1）应及时切断气源，并迅速撤离泄漏污染区人员至上风处。

2）对泄漏污染区进行通风，对已泄漏的氢气进行稀释，若不能及时切断时，应采用蒸汽进行稀释，防止氢气积聚形成爆炸性气体混合物。

3）若泄漏发生在室内，宜使用吸风系统或将泄漏的气瓶移至室外，以避免泄漏的氢气四处扩散。

（2）氢气发生泄漏并着火时应采取以下措施：

1）应及时切断气源；若不能立即切断气源，不得熄灭正在燃烧的气体，并用水强制冷却着火设备，此外，氢气系统应保持正压状态，防止氢气系统回火发生。

2）采取措施，防止火灾扩大，如采用大量消防水雾喷射其他引燃物质和相邻设备；如有可能，可将燃烧设备从火场移至空旷处。

3）氢火焰肉眼不易察觉，消防人员应佩戴自给式呼吸器，穿防静电服进入现场，注意防止外露皮肤烧伤。

（3）消防安全措施：供氢站应按 GB 50016《建筑设计防火规范》规定，在保护范围内设置消火栓，配备水带和水枪，并应根据需要配备干粉、二氧化碳等轻便灭火器材或氮气、蒸汽灭火系统。

（4）高浓度氢气会使人窒息，应及时将窒息人员移至良好通风处，进行人工呼吸，并迅速就医。

第五节 氨 区 安 全

一、 液氨性质

液氨又称为无水氨，呈无色液体状，有强烈刺激性气味，具有腐蚀性且容易挥发。为运输及储存便利，通常将气态的氨气通过加压或冷却得到液态氨。氨易溶于水，溶于水后形成铵根离子 NH_4^+、氢氧根离子 OH^-，溶液呈碱性。液氨多储于耐压钢瓶或钢槽中，且不能与乙醛、丙烯醛、硼等物质共存。

二、 安全管理

（1）严格氨区安全生产责任制，明确氨区安全责任部门，配备氨区专业管理人员。

（2）制定完善的氨区安全管理制度，并定期审核、修订，保证其有效性。至少包括出入管理制度、巡回检查制度、车辆管理制度、操作票制度和运行规程、检修规程等。

（3）氨区作业人员必须经过专业培训，熟悉系统，熟悉液氨物理、化学特性和危险性，并经考试合格，持证上岗。

（4）根据 GB 18218《危险化学品重大危险源辨识》，液氨储量大于 10t 属重大危险源。执行危险化学品重大危险源源长责任制，依法开展危险化学品重大危险源辨识、评估、登记建档、备案、核销及管理工作。

（5）开展氨区压力容器、压力管道等承压部件和有关焊接工作的技术管理和技术监督，完善设备技术档案。

（6）开展氨区隐患排查治理（参照附录 E），及时消除隐患，建立隐患管理台账。

（7）开展氨区防雷接地、自动保护装置、压力容器和压力管道、氨气泄漏检测仪等有关设备以及安全附件的检测、试验工作，并做好记录。

（8）氨区作业需要隔离时，严禁以阀门代替盲板作为隔断措施。

（9）严格罐区承包单位资质审查，确保承包商员工具备相应安全技能。

（10）氨罐区应定期开展危险与可操作性分析（HAZOP）。

（11）氨区周围道路必须畅通，以确保消防车能正常作业。氨气输送管道及其桁架跨厂内道路的净空高度不应小于 5m，桁架处应设醒目的交通限高标志。

（12）氨区设备系统中的缓冲罐、蒸发器、液氨储罐及管道上的压力表、测温表应每半年校验一次，安全阀应每年至少校验一次。

（13）应建立氨区设备技术资料台账，对氨区的所属设备（包括压力容器、设备、管道、阀门）及附属设备定期进行检修，保证设备安全运行。检修周期和工期一般宜与主机（指锅炉、汽轮机等主要设备）同步。

（14）氨区投运前应对氨区进行安全评估，并确定重大危险源等级。以后每三年至少进行一次安全评估。

（15）企业应当在氨区设置明显的安全警示标志，写明紧急情况下的应急处置办法。将可能发生的事故后果和应急措施等信息，以适当方式告知可能受影响的单位、区域及人员。

三、一般要求

（1）从业人员应佩戴相应的个人防护装备。

（2）作业前进行危险、有害因素识别，制定控制措施。

（3）氨区作业人员在进行作业活动时，应持相应的作业许可证作业。

（4）氨区作业活动应设监护人，监护人应具备基本救护技能和作业现场的应急处理能力，作业过程中不得离开监护岗位。

（5）在氨区进行动火作业、进入受限空间作业、临时用电作业、高处作业、吊装作业、设备检修作业和抽堵盲板作业等危险性作业实施作业许可管理，严格履行审批手续，并严格按照相关作业安全规程的要求执行。

（6）作业人员应熟知氨区作业规程规范和应急措施，作业前按等级进行风险评估，并做好安全交底工作。

（7）禁止将氨区内的消防设施、安全标志等移作他用。

（8）严禁在运行中的氨管道、容器外壁进行焊接、气割等作业。

四、 运行维护作业

（1）进入氨区应先触摸静电释放装置，消除人体静电，并按规定进行登记。

（2）禁止无关人员进入氨区，禁止携带火种或穿着可能产生静电的衣服和带钉子的鞋进入氨区。

（3）从事设备运行操作或维护作业应使用铜质等防止产生火花的专用工具。如必须使用钢制工具，应涂黄油或采取其他措施。

（4）运行中不准敲击氨区设备系统，接卸、气体置换、倒罐等重要操作应严格执行操作票制度。

（5）氨系统发生泄漏时，宜使用便携式氨气检测仪或酚酞水溶液查漏，禁止明火查漏。

（6）在氨区及周围 30m 范围内动用明火或进行可能散发火花的作业，应办理动火工作票，在检测可燃气体浓度符合规定后方可动火。

（7）氨系统气体置换遵循以下原则：

1）确保连接管道、阀门有效隔离；

2）氮气置换氨气时，取样点氨气含量应不大于 $26.56mg/m^3$；

3）压缩空气置换氮气时，取样点含氧量应达到 $18\%\sim21\%$；

4）氮气置换压缩空气时，取样点含氧量小于 2%。

（8）氨区内必须通风良好。

（9）储存、补充或置换氨气时，应均匀缓慢地开启阀门，使气体缓慢放出，禁止剧烈地排放，防止因摩擦引起爆炸。

（10）加强氨区设备系统检查和维护管理，防止液氨泄漏。应定期进行氨气泄漏自动报警、降温水喷淋系统，消防喷淋系统和灭火器材的检查试验，保证其始终处于完好投用状态。

（11）在进行氨区管道系统气密性试验前应制定安全、技术和组织措施，确保作业人员和设备的安全。

（12）氨蒸发器投运前应检查筒内的加热水液位在高位，并应加入防锈剂，防锈剂浓度不得低于 $300mg/L$。

（13）氨蒸发器投运后当温度升至设定的工作温度时方可开启氨蒸发器的进出口阀门。

（14）在温度低于 $0℃$ 的环境条件下，停气后为防止汽化器冻裂，应在汽化器水中加防冻液或将水全部放掉。重新开机时必须加水和防锈剂后方可启动。

（15）氨区设备系统运行时，任何人都不能触碰高温设备、高温管道或转动的设备。

五、 运行监控

（1）储罐安全自动装置应投入运行，严禁随意解除联锁和保护。确需解除的，应严格遵守规定，履行相关手续。

（2）按照技术规范和运行规程规定，氨区运行值班人员应按时对系统进行全面巡回检查，测定空气中的氨气含量，并做好记录，发现异常及时处理。氨气含量不得超过 $26.56mg/m^3$（体积浓度）。

（3）运行值班人员应加强对储罐温度、压力、液位等重要参数的监控，严禁超温、超压、超液位运行。

（4）液氨储罐尽可能保持较低的工作温度，温度应低于 40℃；非强迫冷却的液氨储罐必须设置遮阳棚，采取防晒措施。

（5）储罐液位计应有明显的限高标识，运行中储罐存储量不得超过储罐有效容量的 85%。

（6）液氨储罐温度高联动降温水喷淋系统与消防喷淋系统必须可靠投运，当液氨储罐罐体温度过高时自动启动降温水喷淋系统，对罐体自动喷淋减温；当氨气泄漏达到规定值时应自动启动消防喷淋系统。

（7）氨区运行值班人员应每班对液氨储罐液位、压力进行检查并记录。

六、定期检查

严格执行储罐的外部检查制度。

（1）定期进行外部检查。

1）检查罐顶和罐壁变形、腐蚀情况，有记录、有测厚数据；

2）检查罐底边缘板及外角焊缝腐蚀情况，有记录、有测厚数据；

3）检查阀门、人孔、清扫孔等处的紧固件，有记录；

4）检查罐体外部防腐涂层保温层及防水檐；

（2）检查储罐基础及防火堤，有记录。

（3）氨气检测报警仪要定期检验，检验周期不超过 1 年。若对仪器的检验数据有怀疑，或仪器更换了传感器等主要部件及修理后应进行重新检验。若在极端或严酷环境下使用，应缩短检验周期。

七、准入要求

（1）进入氨区应履行登记制度，严禁无关人员进入。非运行值班人员进入氨区，必须经过运行值班人员许可，按规定办理有关手续，并在运行值班人员监护下方可进入。氨区的大门进出后应随时关闭并上锁。

（2）进入氨区，不得携带打火机等火种，手机、摄像器材等非防爆电子设备必须关机，或将手机、摄像器材、火种等存放在氨区门外指定地点（处所）。

（3）进入氨区，禁止穿着可能产生静电的衣服或带钉子的鞋。在工作时应按照规定佩戴安全防护用品，安全防护用品（如护目镜、防护手套、防氨面罩、防护服等）应定期维护并处于完好状态。

（4）进入氨区应先触摸静电释放装置，消除人体静电，并按规定进行登记。

八、应急管理

（1）使用液氨的单位要编制液氨泄漏事故专项应急预案和现场处置方案，制定氨区事故应急预案演练计划，每年至少进行一次专项应急预案演练，每半年至少进行一次现场处置方案，坚持持续改进。

（2）使用液氨的火电企业应建立应急救援组织或指定兼职的应急救援人员。

（3）应急救援人员应经过危险化学品（液氨）相关知识培训。

（4）严禁未经专门培训、未佩戴合格防护用品的人员参与现场抢险。

（5）应配备必要的应急救援器材、设备、防护用品等应急物资，并进行经常性维护、保养并记录，保证其处于完好状态。

（6）防护用品及应急物资配备数量（见表 6 - 1）不得少于表中规定。其中，正压式空气呼吸器和气密型化学防护服在氨区围墙外靠近大门处存放不少于 2 套，并在消防队或集中控制室存放不少于 2 套。

表 6 - 1 　　　　　　　　　　　　防护用品及应急物资配备表

序号	物资名称	技术要求或功能要求	数量	
			个人	公用
1	正压式空气呼吸器	技术性能符合 GB/T 18664《呼吸防护用品的选择、使用与维护》要求		2 套
2	气密型化学防护服	技术性能符合 AQ/T 6107《化学防护服的选择、使用和维护》要求		2 套
3	过滤式防毒面具	技术性能符合 GB/T 18664《呼吸防护用品的选择、使用与维护》要求	1 个/人	4 个
4	化学安全防护眼镜	技术性能符合 GB/T 11651《个体防护装备选用规范》要求	1 副/人	4 副
5	防护手套	技术性能符合 GB/T 11651《个体防护装备选用规范》要求	1 双/人	4 双
6	防护靴	技术性能符合 GB/T 11651《个体防护装备选用规范》要求	1 双/人	4 双
7	便携式氨气检测仪	检测氨气浓度		1 台
8	手电筒	易燃易爆场所，防爆	1 个/人	
9	手持式应急照明灯	易燃易爆场所，防爆		2 个
10	对讲机	易燃易爆场所，防爆		2 台
11	民用硼酸	500mL		2 瓶

九、　应急处置

（1）应急处置以人员安全为首要任务，当出现危及人身安全的情形时，应迅速组织人员撤离。

（2）发生液氨泄漏时，处理的决策依据是氨气监测器检测的氨含量。当出现漏氨报警时，运行值班人员应汇报值长及消防部门，并立即停运相关设备，确认自动消防喷淋装置启动，携带便携式漏氨检测仪进行就地测量确认。靠近氨区前，应明确上风位，进入氨区必须穿戴好全身防护用品。

（3）发生液氨严重泄漏时，运行值班人员应停运相关设备，切断液氨来源并使用消防水炮进行稀释。

（4）液氨轻微泄漏。

1）做好个人防护，立即关闭相关阀门，切断氨气泄漏源，防止氨继续外漏。当氨泄漏量达规定值时启动自动消防喷淋装置，进行水稀释、吸收泄漏的液氨和氨气，防止氨气扩散。

2）迅速抢救被困和受伤人员。

3）根据危及范围做好标志，封锁现场，组织检修人员进行抢修，将氨泄漏程度减至最低。

（5）大量液氨泄漏处理。

1）立即发出应急警报，通知危害区域（本企业员工和周边居民）的人群迅速撤离，启动应急救援预案。在泄漏范围不明的情况下，初始隔离距离至少为150m，然后进行气体浓度检测，根据有害气体的实际浓度，调整隔离和疏散距离，严格限制无关人员进入。

2）应急救援抢险小组投入抢险救援时，必须穿戴合适的防护用品，佩戴防氨面罩或正压式呼吸器，切断可能的泄漏源，开启消防喷淋；消防人员在上风口负责用开花或喷雾水枪进行掩护、协助操作，以控制危险源，抢救受伤人员。

3）一旦发生火灾、爆炸事故，应立即采取局部或全部断电措施，组织人员进行扑救，防止事故进一步扩大。有人员受伤时，应立即抢救伤员，同时向医疗部门（机构）求救。

4）做好事故现场保护、警戒和事故处理工作。

（6）液氨泄漏或现场处置时对人员的处理。

1）人员吸入液氨时，应迅速转移至空气新鲜处，保持呼吸通畅。如呼吸困难或停止，立即进行人工呼吸，并迅速就医。

2）皮肤接触液氨时，立即脱去污染的衣物，用医用硼酸或大量清水彻底冲洗，并迅速就医。

3）眼睛接触液氨时，立即提起眼睑，用大量流动清水或生理盐水彻底冲洗至少15min，并迅速就医。

（7）当泄漏有可能影响周边居民人身安全时，应立即报告当地政府。

（8）液氨泄漏后，应启动应急预案。现场处理人员不得少于2人，严禁单独行动。

（9）应正确选择防护用品。防毒面具只能在短时间、轻微泄漏或处置残存氨的情况下使用。当发生大量泄漏时，抢险人员（包括消防队员）必须使用正压式空气呼吸器、隔离式（气密式）防化服。防护用品应遵照产品说明定期更换，确保在有效期内。

（10）氨泄漏引起着火时，不可盲目扑灭火焰，必须遵循"先控制、后消灭"的原则，首先设法切断气源，再灭火。若不能切断气源，则禁止扑灭泄漏处的火焰，必须用喷水进行冷却。

第六节　油　区　安　全

一、一般注意事项

（1）发电厂内应划定油区。油区周围必须设置围墙，其高度不低于2m，并挂有"严禁烟火"等明显的警告标示牌，动火工作要办动火作业措施票。

（2）制订油区出入制度，非值班人员进入油区应进行登记，不得携带非防爆型手持式电气工具，关闭随身携带的无线通信设备，交出火种，触摸消除人体静电装置去除静电，不准穿钉有铁掌的鞋子和容易产生静电火花的化纤服装进入油区。

（3）禁止电瓶车进入油区，进入油区的机动车必须加装防火罩。

129

（4）油区内应保持清洁，无杂草，无油污，不准储存其他易燃物品和堆放杂物，不准搭建临时建筑。

（5）防火堤内严禁植树，消防道路与防火堤之间不宜种树。油区内绿化不应妨碍消防操作。

（6）油区内应有符合消防要求的消防设施，必须备有足够的消防器材，并经常处在完好的备用状态。

（7）各类管道在进入油泵房、油罐区防火堤处，必须设隔断墙，管道穿越处应采用非燃烧材料严密填实。

（8）油泵房内及油罐区内禁止安装临时性或不符合要求的设备和敷设临时管道，不得采用皮带传动装置，以免产生静电引起火灾。

（9）每年雷雨季节前须认真检查，并测量接地电阻。

（10）储罐基础顶面（中心）标高应该高于罐区内设计地面标高，其高差不应小于 0.5 m，且应同时满足罐前支管线安装尺寸的需要，还应满足与之相关的泵吸入高度的要求。液化烃储罐的罐底标高应根据与之相关的泵吸入高度的要求经计算确定。

二、油罐区作业

（1）防火堤应保持坚实、完整，如工作需要在防火堤上挖洞、开孔，应采取临时安全措施，并经批准。在工作后及时修复。

（2）运行人员应定期检查呼吸阀是否灵活好用、阻火器的铜丝网是否清洁畅通。

（3）运行人员应使用铜制工具或专用防爆工具操作。

（4）用电气仪表测量油罐内油温时，严禁将电气接点暴露于燃油及燃油气体内，以免产生火花。

（5）油泵房应保持良好的通风，及时排除可燃气体。

（6）燃油温度必须严加监视，防止超温。

三、油罐区临时用电

（1）电源应设置在油区外面。

（2）横过通道的电线，应有防止被轧断的措施。

（3）全部动力线或照明线均应有可靠的绝缘及防爆性能。

（4）禁止把临时电线跨越或架设在有油或热体管道设备上。

（5）禁止把临时电线引入未经可靠冲洗、隔绝和通风的容器内部。

（6）用手电筒照明时应使用防爆电筒。

（7）所有临时电线在检修工作结束后，应立即拆除。

四、储罐检验

储罐检验包括例行检查、年度检查、定期检验三种形式。

（1）例行检查是以目视为主的方法近距离检查储罐外部状况的检查方式。内容包括是否存在渗漏、罐壁变形、沉降迹象，以及罐体保温、安全附件等的运行状况等。例行检查周期最长不超过一个月。

（2）年度检查是为了保证储罐在定期检验周期内的安全而进行的在线检查，以宏观检查为主。内容包括储罐安全管理情况、壁板、顶板的厚度测定等。年度检查每年至少一次。

（3）定期检验是按一定的检验周期对储罐进行的较全面的检测，定期检验可以根据实际情况确定在线检验或开罐检验。具体方法一般以目视检查、漏磁检测、声发射检测、超声波测量厚度、表面无损检测为主，必要时可采用超声检测、射线检测、导波检测、超声波C扫、金相检验、材质分析、稳定性或强度校核、应力测定、真空试漏检测、基础沉降评估、材料脆性断裂评估、充水试验等手段。定期检验的周期应根据实测的腐蚀速率和罐体的最小允许厚度来确定，但最长不得超过6年，大型储罐（见知识拓展6-1）不得超过4年。

📖 **知识拓展 6-1**

储罐分类

以储罐压力等级和公称容积为依据可分为三类。

（1）Ⅲ类。公称容器大于或等于 50 000m³ 的常压储罐。公称容器大于或等于 2000m³ 的低压储罐。

（2）Ⅱ类。公称容器大于或等于 10 000m³、小于 50 000m³ 的常压储罐。公称容器大于或等于 500m³、小于 2000m³ 的低压储罐。

（3）Ⅰ类。Ⅱ类、Ⅲ类以外的储罐。

五、 检修作业安全责任

（1）燃油设备检修开工前，当值运行人员负责确定隔离方案，确保被检修设备与运行系统可靠隔离。并对被检修设备进行有效的冲洗和换气，测定设备冲洗换气后的气体浓度（气体浓度限额可根据现场条件制定）。

（2）运行人员要对现场检修作业进行监护。

第七节　天然气安全

一、 一般要求

（1）制定天然气系统运行、维护规程，安全操作、巡回检查规定。

（2）天然气系统的压力容器使用管理应按《特种设备安全监察条例》（国务院令第549号）的规定执行。

（3）严禁安排禁忌人员从事具有职业危害的岗位工作。

（4）燃气发电企业应按照 GB/T 11651《个体防护装备选用规范》的相关要求，按时、足额向从业人员发放劳动防护用品。

二、 准入要求

（1）进入压缩机房等封闭的天然气设施场所作业前应先检测有无天然气泄漏，在确定安全后方可进入。

（2）机动车辆进入天然气系统区域，应装设阻火器。

（3）运行维护人员巡检天然气系统区域，必须穿着防止产生静电的工作服，使用防爆型的照明用具、工器具和劳保防护用品。

（4）严禁携带非防爆无线通信设备和电子产品。

（5）进入调压站前必须交出火种并释放静电，未经批准严禁在站内从事可能产生火花性质的操作。

（6）进入天然气系统区域的外来人员不得穿易产生静电的服装、带铁掌的鞋。

三、安全设施

（1）防雷装置每年应进行两次监测（其中在雷雨季节前应监测一次），接地电阻不应大于 10Ω。

（2）防静电接地装置每年检测不得少于一次。

（3）安全阀应做到启闭灵敏，每年委托有资格的检验机构至少检查校验一次。

（4）压力表等其他安全附件应按其规定的检验周期定期进行校验。

（5）压力容器使用管理应按《中华人民共和国特种设备安全法》执行。

四、运行与维护

（一）管道

（1）对天然气管道进行定期巡查，包括管道安全保护距离内有无影响管道安全情况、管道沿线渗漏检查、天然气管道和附件完整性检查等内容。

（2）在役管道防腐涂层和设置的阴极保护系统的检查、维护周期和方法，应符合 CJJ 95《城镇燃气埋地钢质管道腐蚀控制技术规程》有关规定的要求。

（3）运行中的管道第一次发现腐蚀漏气点后，应对该管道选点检查其防腐涂层及腐蚀情况，针对实测情况制定运行、维护方案。

（4）钢制管道埋设二十年后，应对其进行评估，确定继续使用年限，制定检测周期，并应加强巡视和泄漏检查。

（5）应根据天然气系统运行情况对燃气阀门定期进行启闭操作和维护保养。

（二）调压站设备

（1）调压装置的巡检内容应包括压缩机、调压器、过滤器、阀门、安全设施、仪器、仪表等设备的运行工况和严密性情况。当发现有燃气泄漏及调压装置有喘息、压力跳动等问题时，应及时处理。

（2）新投入运行或保养修理后重新启用的调压设备，必须经过调试，达到技术标准后方可投入运行。

（3）应定期进行过滤器前后压差检查，并及时排污和清洗。

（4）调压器、泄压阀、快速切断阀及其他辅助设施应定期检查，查验设备是否在设定的数值内运行。

（5）压缩机的检修应严格按设备的保养、维护标准执行。

五、 消防安全

（1）天然气系统应建立严格的防火防爆制度。消防设施和器材的管理、检查、维修和保养等应设专人负责。

（2）天然气调压站内压缩机房、工艺区、站控楼、配电室等处均应配置专用消防器材，运维人员应定期检查器材的完整性，专业人员定期对站内消防器材进行校验和更换。

（3）消防通道应保持畅通无阻，消防设施周围不得堆放杂物。

六、 应急管理

（1）燃气发电企业应配置志愿消防员。距离当地公安消防队（站）较远的可建立专职的消防队，根据规定和实际情况配备专职消防队员和消防设施，并符合国家和行业相关标准要求。

（2）燃气发电企业应依据 GB/T 29639《生产经营单位安全生产事故应急预案编制导则》和国家能源局《电力企业应急预案管理办法》（国能安全〔2014〕508 号）等相关要求，开展以下工作：

1）建立天然气系统泄漏、着火、爆炸专项应急预案和现场处置方案；

2）每年制定应急预案演练计划，定期开展应急预案演练工作；

3）配备必要的应急救援装备、器材，并定期检查维护，保证完好可用；

4）每年至少组织进行一次全厂范围的天然气系统应急处置演练。

第八节   危险化学品气瓶安全

一、 一般要求

（一）日常管理

（1）气瓶使用单位应制定气瓶安全管理制度。

（2）制定事故应急处理措施。

（3）专人负责气瓶安全工作。

（4）定期对使用人员进行气瓶安全技术培训。

（二）领用要求

（1）气瓶使用单位领用气瓶时，要检查气瓶上方有以钢印（或者其他固定形式）注明的制造单位、制造许可证编号、企业代号标志、气瓶出厂编号及产品合格证。

（2）厂内倒运气瓶时，必须配置好气瓶瓶帽（有防护罩的气瓶除外）和防震圈（集装气瓶除外）。

（3）在接收气瓶时，应检查印在瓶上的试验日期及试验机构的鉴定。

（4）在接收气瓶时，应检验气瓶颜色是否正确。氧气瓶应涂天蓝色，用黑颜色标明"氧气"字样；溶解乙炔气瓶应涂白色，并用红色标明"乙炔"字样；氮气瓶应涂黑色，并用黄色标明"氮气"字样；二氧化碳气瓶应涂铝白色，并用黑色标明"二氧化碳"字样。

其他气体的气瓶也均应按规定涂色和标字。

（三）使用安全

（1）不得使用已经报废的气瓶。

（2）不得对气瓶瓶体进行焊接，不得更改气瓶的钢印或者颜色标记。

（3）不得将气瓶内的气体向其他气瓶倒装。

（4）不得自行处理气瓶内的残液。

（5）气瓶压力不能充卸过低。

（6）使用气瓶，禁止敲击、碰撞，不得靠近热源，夏季应防止曝晒。

（7）阀门或减压器泄漏时，不得继续使用；阀门损坏时，严禁在瓶内有压力的情况下更换阀门。

（8）用扳手安装减压器，工作人员应站在阀门连接头的侧方。

二、专项要求

（一）氢气瓶

（1）严格控制现场气瓶数量。因生产需要，必须在现场（室内）使用气瓶，其数量不得超过 5 瓶。

（2）室内存放氢气瓶，要求良好通风，保证空气中氢气最高含量不超过 1%（体积比）。

（3）存放氢气瓶的建筑物顶部或外墙的上部设气窗（楼）或排气孔。

（4）排气孔应朝向安全地带，室内换气次数每小时不得小于 3 次，事故通风每小时换气次数不得小于 7 次。

（5）氢气瓶与盛有易燃、易爆、可燃物质及氧化性气体的容器和气瓶的间距不应小于 8m。

（6）与明火或普通电气设备的间距不应小于 10m。

（7）与空调装置、空气压缩机和通风设备等吸风口的间距不应小于 20m。

（8）与其他可燃性气体储存地点的间距不应小于 20m。

（9）设有固定气瓶的支架。

（10）多层建筑内使用气瓶，除生产特殊需要外，一般宜布置在顶层靠外墙处。

（二）氧气瓶

（1）运到现场的氧气瓶，必须验收检查。如有油脂痕迹，应立即擦拭干净；如缺少保险帽、气门上缺少封口螺钉或其他缺陷，应在瓶上注明"注意！瓶内装满氧气"，退回供应商。

（2）氧气瓶内的压力降到 0.196kPa（表压）时，不准再使用。用过的瓶上应写明"空瓶"。

（3）氧气阀门只准使用专门扳手开启，不准使用凿子、锤子开启。

（4）在工作地点，最多只许有两个氧气瓶：一个工作，一个备用。

（5）使用中的氧气瓶和溶解乙炔气瓶应垂直放置并固定起来，氧气瓶和溶解乙炔气瓶的距离不得小于 8m。

（6）严禁使用没有减压器的氧气瓶和没有回火阀的溶解乙炔气瓶。

（7）禁止装有气体的气瓶与电线相接触。

（8）在焊接中禁止将带有油迹的衣服、手套或其他沾有油脂的工具、物品与氧气瓶软管及接头相接触。

（9）安设在露天的气瓶，应用帐篷或轻便的板棚遮护，以免受到阳光曝晒。

（三）减压器

（1）减压器的低压室没有压力表或压力表失效，不准使用。

（2）减压器（特别是连接头和外套螺帽）不应沾有油脂，如有油脂应擦洗干净。

（3）外套螺帽的螺纹应完好，帽内应有纤维质垫圈（不准用皮垫或胶垫代替）。

（4）预吹阀门上的灰尘时，工作人员应站在侧面，以免被气体冲伤，其他人员不准站在吹气方向附近。

（5）应先把减压器和氧气瓶连接后，再开启氧气瓶的阀门，开启阀门不准猛开，应监视压力，以免气体冲破减压器。

（6）减压器冻结时应用热水或蒸汽解冻，禁止用火烤。

（7）减压器如发生自动燃烧，应迅速把氧气瓶的阀门关闭。

（8）使用于氧气瓶的减压器应涂蓝色；使用于溶解乙炔气瓶的减压器应涂白色，以免混用。

（四）橡胶软管

（1）橡胶软管须具有足以承受气体压力的强度，氧气软管须用 1.961MPa 的压力试验，乙炔软管须用 0.490MPa 的压力试验。两种软管不准混用。

（2）橡胶软管的长度一般为 15m 以上。两端的接头（一端接减压器，另一端接焊枪）必须用特制的卡子卡紧，以免漏气或松脱。

（3）在连接橡胶软管前，应先将软管吹净，并确定管中无水后，才允许使用。禁止用氧气吹乙炔气管。

（4）使用的橡胶软管不准有鼓包、裂缝或漏气等现象。如发现有漏气现象，不准用贴补或包缠的方法修理，应将其损坏部分切掉，用双面接头管把软管连接起来并用夹子扎紧。

（5）可燃气体（乙炔）的橡胶软管如在使用中发生脱落、破裂或着火时，应首先将焊枪的火焰熄灭，然后停止供气。氧气软管着火时，应先拧松减压器上的调整螺杆或将氧气瓶的阀门关闭，停止供气。

（6）乙炔和氧气软管在工作中应防止沾上油脂或触及金属溶液。禁止把乙炔及氧气软管放在高温管道和电线上，或把重的或热的物体压在软管上，也不准把软管放在运输道路上，不准把软管和电焊用的导线敷设在一起。

（五）焊枪

（1）焊枪在点火前，应检查其连接处的严密性及其嘴子有无堵塞现象。

（2）焊枪点火时，应先开氧气门，再开乙炔气门，立即点火，然后再调整火焰。熄火时与此操作相反，即先关乙炔气门，后关氧气门，以免回火。

（3）由于焊嘴过热堵塞而发生回火或多次鸣爆时，应快速先将乙炔气门关闭，再关闭氧气门，然后将焊嘴浸入冷水中。

（4）焊工不准将正在燃烧中的焊枪放下。如有必要，应先将火焰熄灭。

第九节　六氟化硫使用安全

纯净的六氟化硫（SF$_6$）气体是一种无色、无嗅、基本无毒（见知识拓展 6-2）、不可燃的卤素化合物。其相对密度在气态时为 6.16g/cm³（20℃、0.1MPa 时），在液态时为 1400g/cm³（20℃时）；在相同状态下约是空气相对密度的 5 倍。为便于运输和储存，SF$_6$ 气体通常以液态形式存在于钢瓶中。

纯净的 SF$_6$ 是一种惰性气体，在电弧作用下会分解，当温度高达 3500℃ 以上时，大部分的分解物为硫和氟的单原子。电弧熄灭后，绝大部分的分解产物又重新结合成稳定的 SF$_6$ 分子。其中极少量的分解物，在重新结合的过程中与游离的金属原子、水和氧发生化学反应，产生金属氟化物及氧、硫的氟化物。SF$_6$ 气体分解产物会刺激皮肤、眼睛、黏膜，如果吸入量大，还会引起头晕和肺水肿，甚至致人死亡。SF$_6$ 气体是目前发现的六种温室气体之一。

SF$_6$ 的绝缘水平约为空气的 3 倍，气体的灭弧性能是空气的 100 倍，因此，SF$_6$ 气体在电气设备中应用非常广泛，是目前所发现的绝缘灭弧性能最好的物质。

一、一般要求

（1）尽量采用其他代替气体或混合气体，不用 SF$_6$ 气体或减少 SF$_6$ 气体的使用量。

（2）在保证产品电气性能的前提下，尽量降低充气压力。

（3）产品的密封结构尽量采用波纹管结构。

（4）配备泄漏应急处理设备。

（5）主控室与六氟化硫配电装置室间要采取气密性隔离措施。六氟化硫配电装置室与其下方电缆层、电缆隧道相通的孔洞应封堵。六氟化硫配电装置室及下方电缆层道的门上，应设置"注意通风"的标志。

（6）在六氟化硫配电装置室低位区应安装能量报警的氧量仪和六氟化硫气体泄漏报警仪，在工作人员入口处应装设显示器，并定期检验。

（7）工作人员进入六氟化硫配电装置室，入口处若无 SF$_6$ 气体含量显示器，应先通风 15min，并用检漏仪测量 SF$_6$ 气体含量合格。应避免一人进入六氟化硫配电装置室进行巡视，不准一人进入从事检修工作。

二、取样要求

（1）SF$_6$ 是以气体状态存在的，样品应从设备内部直接抽取，不应通过设备内部的过滤器抽取。

（2）最理想的是从被检查的设备中将气体样品直接通入分析装置。在运行现场不能直接检测的项目，采用惰性材质制成的容器取样。

（3）当所取的样品是液态时，取样容器必需经受 7MPa 的压力试验，并且不准充满。

（4）取样容器的脏污使被测试样中的杂质增加。取样瓶不得用于盛装除 SF$_6$ 以外的其他物质。

（5）进行气体采样时，要佩戴防毒面具或正压式空气呼吸器，并进行通风。

三、 六氟化硫气体的充装

（1）充气前所有管路、连接部件均需根据其可能残存的污物和材质情况用稀盐酸或稀碱浸洗，冲净后加热干燥备用。

（2）充入 SF_6 新气前，应复检其湿度。

（3）连接管路时操作人员应佩戴清洁、干燥的手套。

（4）当 SF_6 气瓶压力降至 0.1MPa 时应停止充气。

（5）充装完毕后，对设备密封处、焊缝以及管路接头进行全面检漏。

（6）充装完毕 24h 后，对设备中气体进行湿度测量，若超过标准，必须进行处理，直到合格。

（7）使用后的 SF_6 气瓶要留存余气，关紧阀门、盖紧瓶帽。

四、 定期工作

（1）设备安装室应定期进行室内通风换气，并定期进行 SF_6 和氧气含量的检测。

（2）运行人员经常出入的户内设备场所每班至少换气 15min，换气量应达 3～5 倍的空间体积，抽风口应安置在室内下部。对工作人员不经常出入的设备场所，在进入前应先通风 15min。

（3）巡查发现 SF_6 浓度仪在空气中六氟化硫含量达到 $1000\mu L/L$ 时不合格时应通风、换气。

（4）设备运行中如发现压力表压力下降，补气报警时应分析原因，必要时对设备进行全面检漏，并进行有效处理，若发现有漏气点应立即处理。

（5）SF_6 气体中湿度是影响设备安全运行的关键指标，若发现湿度超出标准，应使用气体回收装置进行干燥、净化处理。

（6）SF_6 电气设备中应加入吸附剂，吸附剂充入量可取气体充入质量的 1/10。

五、 回收作业

设备内的 SF_6 气体不准向大气排放，应采用净化装置回收，经处理检测合格后方可再使用。回收的作业人员应站在上风侧。在对 SF_6 气体及分解物进行回收或中和处理时，要严格按如下步骤进行：

（1）在打开设备前，必须先回收气体，并抽真空。

（2）对设备内部进行彻底通风。

（3）工作人员应戴防毒面具和橡皮手套。

六、 充装要求

（1）充装 SF_6 的压力容器要具有国家认可部门的压力容器的检验标志方可使用。

（2）充装 SF_6 的容器，充装前要经过真空处理干净，使之无油污、无水分。

（3）压力容器的安全附件要齐全。阀体和容器连接处保证密封，不得有泄漏。

（4）SF_6 属于可压缩液化气体，在压缩充装时，气瓶设计压力为 8.0MPa 时的充装系数不大于 1.17kg/L。气瓶设计压力为 12.5MPa 时的充装系数不大于 1.33kg/L。严禁过量充装，严格进行充装重量复检，充装气体过量的气瓶不准出厂。

七、充气、补气

（1）补气、充气前后，应称钢瓶的质量，以计算补入高压电器内气体的质量，钢瓶内还存有的气体质量应标在标签上，并挂在钢瓶上。

（2）充气、补气至少12h后，才可进行水分含量的检测。

（3）当密度继电器发出补气信号，初次可带电补气，并加强监视。若一个月内又出现补气信号，应申请停运，对各密封面及接头进行检漏，并检查密度继电器动作的可靠性，若发现密度继电器接点发生误动，应予以更换。

（4）SF_6 高压电器的气室需经常补气。

八、应急处置

（1）配电装置发生大量泄漏等紧急情况的处理：

1）人员应迅速撤出现场，开启所有排风机进行排风。

2）未佩戴防毒面具或正压式空气呼吸器人员禁止入内。

3）只有经过充分自然排风或强制排风，并用检漏仪测量 SF_6 气体合格，用仪器检测氧含量（不小于18%）合格后，人员才准进入。

（2）发生设备防爆膜破裂时，应停电处理，并用汽油或丙酮擦拭干净。

（3）SF_6 气体中毒伤害应急处理：

1）如室内设备发生泄漏时，人员应迅速撤离现场，并启动全部排风装置进行排风。

2）施救人员正确进行自身安全防护的前提下（进入气体泄漏区人员应着 SF_6 防护服，佩戴防毒面具或正压式空气呼吸器），将中毒人员与毒源隔离。

3）室外设备发生泄漏后工作人员应转移至上风处，并离开泄漏源。

4）中毒较重者应吸氧，并拨打120急救。

📖 知识拓展6-2

SF_6 的毒性

SF_6 无毒，为什么作为危险化学品管理呢？介绍一下 SF_6 气体的毒性来源。

试验及研究结果得知，SF_6 气体的毒性主要来自5个方面。

（1）SF_6 产品不纯，出厂时含高毒性的低氟化硫、氟化氢等有毒气体。目前化工行业制造 SF_6 气体的方法主要是采用单质硫磺与过量气态氟直接化合反应而成；即 $S+3F_2 \rightarrow SF_6+Q$（放出热量）。在合成的粗品中含有多种杂质，其杂质的组成和含量因原材料的纯度、生产设备的材质、工艺条件等因素的影响而有很大差异，杂质总含量可达5%。其组成有硫氟化合物，如 S_2F_2、SF_2、SF_4、S_2F_{10} 等；硫氟氧化合物如 SOF_2、SO_2F_2、SOF_4、$S_2F_{10}O$ 等以及原料中带入的杂质如 HF、OF_2、CF_4、N_2、O_2 等。经过水洗、碱洗、热解（去除剧毒的十氟化物）、干燥、吸附、冷冻、蒸馏提纯等一系列净化处理过程得到纯度在99.8%以上的产品。

除在上面的合成过程中产生的杂质外，在气体的充装过程中还可能混入少量的空气、水分和矿物油等杂质，这些杂质均带有或会产生一定的毒性物质。

（2）电气设备内的 SF_6 气体在高温电弧发生作用时产生某些有毒产物。

例如：SF_6 气体在电弧中的分解和与氧的反应为

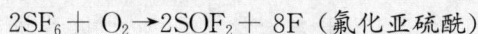

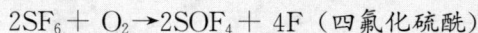

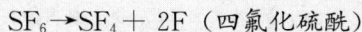

$$2SF_6 + O_2 \rightarrow 2SOF_2 + 8F （氟化亚硫酰）$$

$$2SF_6 + O_2 \rightarrow 2SOF_4 + 4F （四氟化硫酰）$$

$$SF_6 \rightarrow SF_4 + 2F （四氟化硫酰）$$

$$SF_6 \rightarrow S + 6F （硫）$$

$$2SOF_4 + O_2 \rightarrow 2SO_2F_2 + 4F （氟化硫酰）$$

（3）电气设备内的 SF_6 气体分解物与其内的水分发生化学反应而生成某些有毒产物。

例如：SF_6 气体分解物与水的继发性反应为

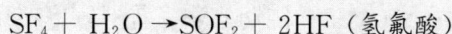

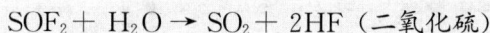

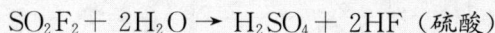

$$SF_4 + H_2O \rightarrow SOF_2 + 2HF （氢氟酸）$$

$$SOF_4 + H_2O \rightarrow SO_2F_2 + 2HF （氢氟酸）$$

$$SOF_2 + H_2O \rightarrow SO_2 + 2HF （二氧化硫）$$

$$SO_2F_2 + 2H_2O \rightarrow H_2SO_4 + 2HF （硫酸）$$

（4）电气设备内的 SF_6 气体及分解物与电极（Cu—W 合金）及金属材料（AL、Cu）反应生成某些有毒产物。例如：SF_6 气体及分解物与电极或其他材料反应为

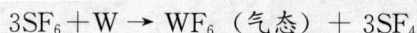

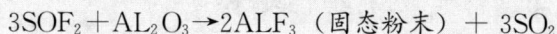

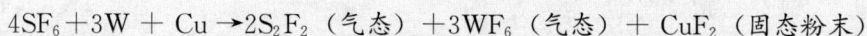

$$3SF_6 + W \rightarrow WF_6 （气态） + 3SF_4$$

$$3SOF_2 + AL_2O_3 \rightarrow 2ALF_3 （固态粉末） + 3SO_2$$

$$4SF_6 + 3W + Cu \rightarrow 2S_2F_2 （气态） + 3WF_6 （气态） + CuF_2 （固态粉末）$$

（5）电气设备内的 SF_6 气体及分解物与绝缘材料反应生成某些有毒产物。如与含有硅成分的环氧酚醛玻璃丝布板（棒、管）等绝缘件；或以石英砂、玻璃作填料的环氧树脂浇注件、模压件以及瓷瓶、硅橡胶、硅脂等起化学作用，生成 SiF_4、$Si(CH_3)_2F_2$ 等产物。

第十节 液化石油气安全

后勤主要食堂使用的液化气罐。液化石油气（简称液化气）具有易燃、易爆、毒害性、窒息性等特点，若在使用过程中方法不当、操作不规范，会形成安全隐患，甚至会引发安全事故。

一、液化石油气钢瓶管理

（1）液化石油气钢瓶的放置点不得靠近热源和明火。

（2）液化石油气钢瓶必须直立使用，不能卧放，更不能倒置使用。

（3）液化石油气钢瓶空瓶与实瓶应分开放置，并应有明显的区分标志。

（4）不得使用不合格或报废的液化石油气钢瓶，必须使用经质检部门定期、检验合格的钢瓶。

（5）液化石油气钢瓶不要放在潮湿的地方，应放在干燥、通风及容易搬动的地方。

（6）禁止自行拆卸、维修液化石油气钢瓶角阀。

（7）不得将液化石油气钢瓶内的气体向其他钢瓶倒装，不得从汽车槽车直接装钢瓶。

（8）不得自行处理钢瓶内的残液。残液应交给瓶装液化石油气供气企业负责处理。

（9）严禁使用温度超过 40℃ 的热源加热、热水浸泡液化石油气钢瓶。

（10）液化石油气钢瓶库内和安放用气设备的房间内，不得堆放易燃、易爆物品，不得使用明火，不得作为居住使用。

（11）用餐场所内严禁使用 5kg（不含）以上的液化石油气钢瓶。

（12）气瓶在室内放置，应与灶具保持 0.5m 以上的距离或设置隔热层。

（13）液化气钢瓶要轻拿轻放，禁止摔、砸、滚、撞击。

（14）室内温度是液化气使用较为理想的温度，严禁将液化石油气钢瓶在烈日下曝晒、靠近明火，更不允许用明火烤或用开水烫液化石油气钢瓶。

（15）使用合格的液化石油气钢瓶并定期检测。普通家庭使用的 15kg 钢瓶使用期限为 15 年，自生产之日起至少要每 4 年检测一次。

（16）不使用超量灌装的实瓶［15kg 钢瓶规定灌装量为（14.5±0.5）kg，50kg 钢瓶规定灌装量为（49±0.5）kg］。

二、气瓶安全要求

（1）有制造标志、使用检验标志、警示标签。

（2）无纵向焊缝（50kg 钢瓶除外）或无螺旋焊。

（3）护罩无脱落或焊缝无断裂。

（4）底座无脱落、无变形、无腐蚀、无破裂，能直立。

（5）液化石油气钢瓶瓶阀的阀口未损伤或未变形。

（6）液化石油气钢瓶瓶阀阀口无泄漏。

（7）没有被火焰局部或全面烧伤。

（8）在检验周期内。

（9）使用期限未超过 15 年。

三、液化石油气钢瓶连接

（1）液化石油气管路系统上的阀门、配件连接处，均应有良好的密封措施。密封材料和阀门用的润滑剂，应适用于液化石油气。

（2）钢瓶与单台燃气灶具之间连接时，灶具与钢瓶之间的净距离不应小于 0.5m。

（3）钢瓶与单台燃气灶具之间连接宜采用不锈钢波纹软管。

（4）采用燃气软管连接时，应使用耐油橡胶软管，软管的长度，应控制在 1.2～2.0m 之间，并不应有接口。燃气软管应按使用说明书要求，定期更换。

（5）使用的燃气软管，不得穿越墙壁、窗户和门。

（6）多台燃气灶具的供气距离超过 2m 时，应采用硬管连接。

四、注意事项

（1）一旦发现漏气、有异味，务必开门窗通风透气，稀释浓度，停止一切明火（如点火、吸烟、拉灯、用电气设备或玩计算机、手机等活动）。如有漏气着火，争取在最短时间采取措施，快速处理，千万不能观望。

（2）严禁使用未经检测或过期报废的液化石油气钢瓶。

（3）不使用不合格燃气灶具或不合格的角阀、调压器、胶管等配件。

（4）不在使用燃气时长时间离开现场。

（5）不把气瓶放在通风不良的场所使用。

（6）使用燃气结束时及时关闭灶具开关，同时关闭气瓶角阀。

（7）用气设备操作间，应配备 8kg 装的干粉灭火器，数量不应少于 2 个。

（8）设置用气设备的房间，应具备良好的通风条件；不得设置在密闭的房间内。

（9）用气设备的操作间，房屋净高度不得低于 2.2m。

五、　应急处置

（一）火焰被沸水溢出熄灭或火焰被风吹灭时

（1）将液化气钢瓶阀门关闭。

（2）使室内保持空气流通，让液化气尽快散发。

（3）在液化气气味消失后才能重新点火。

（二）液化气着火

（1）迅速关闭钢瓶阀门，切断气源，将钢瓶移至室外安全地带，以防爆炸。

（2）起火处可用湿毛巾或湿棉被盖住，将火熄灭。

（3）无法接近火源时用沙土或灭火器控制火势，用水降温，以防燃爆。

（4）火势太大，拨电话报警，任何人不准在室内逗留。

（三）发生燃气泄漏

（1）立即关闭燃气表前截门切断气源，迅速打开门窗通风换气。

（2）不要开启或关闭任何电气设备，也不可在充满燃气的房间内拨打电话或手机，不能开油烟机，这些都容易产生火花，发生爆燃。

（3）室内不要留人，拨打报修电话要到远离漏气房间的户外。

（4）报修时要将家庭地址和联系方式以及现场情况、燃气泄漏原因，告诉接线的工作人员。

（5）报修后应通知所在小区物业管理部门，不要让明火接近燃气泄漏区。

六、　减压阀要求

（1）减压阀与液化石油气钢瓶总阀的连接螺扣是反扣，安装时应按逆时针方向旋转减压阀上的活动手轮。手感拧紧即可，不能用力过大，更不能用工具，以免使减压阀上的螺扣因滑扣或断裂而造成漏气。

（2）每次安装减压阀时都要检查减压阀头上的胶圈是否完好，若有损坏，应立即更换。

（3）气瓶用完换瓶时必须先把钢瓶总阀关紧，然后再卸下减压阀。

（4）减压阀一般分可调、不可调两种，在使用可调式减压阀时，不要将出口压力调得太大，以免灶具因打不着火或液化气燃烧不充分而带来安全隐患。

（5）在使用减压阀时，若发现减压阀出现故障或泄漏要立即更换，严禁私自修理减压阀。

（6）减压阀保质期一般是两年，用户应对减压阀的完好性经常进行检查。减压阀使用两年后要及时进行更换。

第七章

检修过程中危险化学品安全

检修是危险化学品事故多发环节，易造成火灾、爆炸、中毒窒息、灼伤等事故，主要原因包括无组织排放，清洗置换不彻底，检修作业人员对危险化学品性质不熟悉，动火、有限空间作业安全条件不合格等原因。下面择重点介绍。

第一节　通　用　要　求

一、管理要求

（1）作业前应对作业全过程进行风险评估，制定作业方案、安全措施和应急预案。

（2）作业前应确认作业单位资质和作业人员的操作能力，确认特种作业人员资质。

（3）应为作业提供必要的安全可靠的机械、工具和设备。

（4）检维修相关的机动车辆进入罐区时排气管应戴防火帽。

（5）作业现场应设置安全标志、危险危害告知牌，并配置消防、气体防护等安全器具。

（6）高风险作业实行许可制度，动火作业、进入受限空间、临时用电、高处等作业时，应办理相应的作业许可证。

二、安全监护

（1）作业时应根据作业方案的要求设立安全监护人，安全监护人应对作业全过程进行现场监护。

（2）安全监护人应经过相关作业安全培训，有该岗位的操作资格，应熟悉安全监护要求。

（3）安全监护人应佩戴安全监护标志。

（4）安全监护人员应告知作业人员危险点，交代安全措施和安全注意事项。

（5）作业前安全监护人应现场逐项检查安全措施的落实情况，检查应急救援器材、安全防护器材和工具的配备情况。

（6）安全监护人发现所监护的作业与作业票不相符或安全措施未落实时应立即制止作业。

（7）作业中出现异常情况时应立即要求停止相关作业，并立即报告。

（8）作业人员发现安全监护人不在现场，应立即停止作业。

第二节 典型检修作业安全

由于不同标准、规范对典型作业的定义不同，本节定义依据 GB 30871《化学品生产单位特殊作业安全规范》。

一、动火作业

动火作业是指直接或间接产生明火的工艺设备以外的禁火区内可能产生火焰、火花或炽热表面的非常规作业，如使用电焊、气焊（割）、喷灯、电钻、砂轮、喷砂机等进行的作业。

动火作业过程中，危险化学品安全风险主要体现在危险化学品防火防爆，以及动火用的氧气、乙炔等危险化学品安全（见知识拓展 7-1）。

危险化学品区域动火要办理一级或特级动火票。

📖 **知识拓展 7-1**

动火作业分级

动火区域划分为固定动火区和非固定动火区。

固定动火区的设定需要经风险评估确定。固定动火区安全风险较小。

固定动火区外的动火作业一般分为特级动火、一级动火和二级动火 3 个级别。

特级动火作业是指在运行状态下的易燃易爆生产装置的设备、管道、储罐等部位上及其他特殊危险场所进行的动火作业。带压不置换动火作业按特殊动火作业管理。易燃易爆危险化学品一、二级重大危险源罐区动火作业全部按特级动火进行管理。

一级动火作业是指在易燃易爆场所进行的除特级动火作业以外的动火作业。厂区管廊上的动火作业按一级动火作业管理。

二级动火作业是指除特级动火作业和一级动火作业以外的动火作业。凡生产装置或系统全部停车，装置经清洗、置换、分析合格并采取安全隔离措施后，可根据其火灾、爆炸危险性大小，经所在单位安全管理负责人批准，动火作业可按二级动火作业管理。

特级动火、一级动火作业的安全作业证有效期不应超过 8h；二级动火作业的安全作业证有效期不应超过 72h。

DL 5027—2015《电力设备典型消防规程》规定：根据火灾危险性、发生火灾损失、影响等因素将动火级别分为一级动火、二级动火两个级别。

火灾危险性很大，发生火灾造成后果很严重的部位、场所或设备应为一级动火区。一级动火区以外的防火重点部位、场所或设备及禁火区域应为二级动火区。

可以看出，两个标准不完全一致，GB 30871—2014 的动火分级重点考虑动火时设备所处的状态，DL 5027—2015 的动火分级主要考虑的是动火区域本身。而且 DL 5027—2015 分级只有一级、二级，没有特级的说法。

从依法合规角度考虑，电力企业应执行 DL 5027—2015《电力设备典型消防规程》，但 GB 30871—2014 仍有重要的参考价值。比如，氢冷系统在置换合格状态和运行状态动火，风险是不同的。

（一）气瓶安全管理

（1）在接收气瓶时，应检查印在气瓶上的试验日期及试验机构的鉴定。

（2）运到现场的氧气瓶，必须验收检查。如有油脂痕迹，应立即擦拭干净。如缺少保险帽或气门上缺少封口螺钉或有其他缺陷，应在瓶上注明"注意！瓶内装满氧气"，退回供应商。

（3）使用前检查气瓶上的阀门或减压器气门，若发现有缺陷禁止使用。

（4）用扳手安装减压器，工作人员应站在阀门连接头的侧方。

（5）氧气阀门只准使用专门扳手开启，不准使用凿子、锤子开启。乙炔阀门须用特殊的键开启。

（6）安设在露天的气瓶，应用帐篷或轻便的板棚遮护，以免受到阳光曝晒。

（7）禁止装有气体的气瓶与电线相接触。

（8）氧气瓶内的压力降到 0.196kPa 时，不准再使用。用过的瓶上应写明"空瓶"。

（9）在工作地点，最多只许有两个氧气瓶：一个工作，一个备用。

（10）使用中的氧气瓶和溶解乙炔气瓶应垂直放置并固定起来，氧气瓶和溶解乙炔气瓶的距离不得小于 8m。

（11）严禁使用没有减压器的氧气瓶和没有回火阀的溶解乙炔气瓶。

（12）在焊接中禁止将带有油迹的衣服、手套或其他沾有油脂的工具、物品与氧气瓶软管及接头相接触。

（二）减压器使用

（1）减压器的低压室没有压力表或压力表失效，一概不准使用。

（2）安装减压器应注意以下事项：

1）减压器（特别是连接头和外套螺帽）是否沾有油脂，如有油脂应擦洗干净。

2）外套螺帽的螺纹是否完好，帽内应有纤维质垫圈（不准用皮垫或胶垫代替）。

3）预吹阀门上的灰尘时，工作人员应站在侧面，以免被气体冲伤，其他人员不准站在吹气方向附近。

（3）应先把减压器和氧气瓶连接后，再开启氧气瓶的阀门，开启阀门不准猛开，应监视压力，以免气体冲破减压器。

（4）减压器冻结时应用热水或蒸汽解冻，禁止用火烤。用蒸汽解冻应缓慢、均匀加热。

（5）减压器如发生意外燃烧，应迅速把氧气瓶的阀门关闭。

（6）减压器长时间停用时，须将氧气瓶的阀门关闭。

（7）工作结束时，须将减压器自气瓶上取下，由焊工保管。

（8）使用于氧气瓶的减压器应涂蓝色，使用于溶解乙炔气瓶的减压器应涂白色，以免混用。

（三）橡胶软管使用

（1）橡胶软管须具有足以承受气体压力的强度，氧气软管须用 1.961MPa 的压力试验，乙炔软管须用 0.490MPa 的压力试验。

（2）橡胶软管的长度一般为 15m 以上。两端的接头（一端接减压器，另一端接焊枪）必须用特制的卡子卡紧，以免漏气或松脱。

（3）连接橡胶软管前，应先将软管吹净，并确定管中无水后，才许使用。禁止用氧气吹乙炔气管。

（4）使用的橡胶软管不准有鼓包、裂缝或漏气等现象。如发现有漏气现象，不准用贴补或包缠的方法修理，应将其损坏部分切掉，用双面接头管把软管连接起来并用夹子扎紧。

（5）乙炔橡胶软管如在使用中发生脱落、破裂或着火时，应首先将焊枪的火焰熄灭，然后停止供气。氧气软管着火时，应先拧松减压器上的调整螺杆或将氧气瓶的阀门关闭，停止供气。

（6）乙炔和氧气软管在工作中应防止沾上油脂或触及金属溶液。禁止把乙炔及氧气软管放在高温管道和电线上或把重、热的物体压在软管上，也不准把软管放在运输道上，不准把软管和电焊用的导线敷设在一起。

（7）氧气软管和乙炔软管不准混用。

（四）焊枪使用

（1）焊枪在点火前，应检查其连接处的严密性及其嘴子有无堵塞现象。

（2）焊枪点火时，应先开氧气门，再开乙炔气门，立即点火，然后再调整火焰。熄火时与此操作相反，即先关乙炔气门，后关氧气门，以免回火。

（3）由于焊嘴过热堵塞而发生回火或多次鸣爆时，应迅速先将乙炔气门关闭，再关闭氧气门，然后将焊嘴浸入冷水中。

（4）焊工不准将正在燃烧中的焊枪放下。如有必要，应先将火焰熄灭。

二、临时用电作业

临时用电指正式运行的电源上所接的非永久性用电。

（1）危险化学品区域不应接临时电源。

（2）确需接临时电源的，应对周围环境进行可燃气体检测分析，被测可燃气体或蒸气浓度应不大于10%LEL（爆炸下限）。

（3）易燃易爆危险化学品场所使用相应防爆等级的电源及电气元件，并采取相应的防爆安全措施。

三、吊装作业

吊装作业是指利用各种吊装机具将设备、工件、器具、材料等吊起，使其发生位置变化的作业。

（1）尽量减少危险化学品区域吊装作业。

（2）尽量减少危险化学品设备、容器吊装。

（3）吊装场所如有含危险物料的设备、管道等时，应制定详细吊装方案，并对设备、管道采取有效防护措施。必要时停车，放空物料，置换后进行吊装作业。

四、动土作业

动土作业是指挖土、打桩、钻探、坑探、地锚入土深度在0.5m以上，使用推土机、压路机等施工机械进行填土或平整场地等可能对地下隐蔽设施产生影响的作业。

（1）动土作业前，应掌握地下危险化学品管线走向，防止挖断危险化学品管道。

（2）在危险化学品场所动土时，应与有关操作人员建立联系，当突然排放有害物质时，操作人员应立即通知动土作业人员停止作业，迅速撤离现场。

五、 盲板抽堵作业

盲板抽堵作业是指在设备、管道上安装和拆卸盲板的作业。

（1）在有毒介质的管道、设备上进行盲板抽堵作业时，应按 GB/T 11651《个体防护装备选用规范》的要求选用防护装备。

（2）在氨、一氧化碳、氮气等介质环境下作业时，作业人员应佩戴便携式气体检测报警仪，佩戴隔绝式呼吸防护装备等个人防护用品。

（3）作业现场应备有两套或两套以上符合要求且性能完好的隔绝式呼吸防护装备，以备应急之需。

（4）在易燃易爆场所进行盲板抽堵作业时，作业人员应穿防静电工作服、工作鞋，并应使用防爆灯具和防爆工具。距盲板抽堵作业地点 30m 内不应有动火作业。

（5）在强腐蚀性介质的管道、设备上进行盲板抽堵作业时，作业人员应采取防止酸、碱灼伤的措施。

六、 油漆喷涂作业

（一）个体防护

（1）使用煤油、汽油、松香水、丙酮等易燃调配油料进行喷涂作业时，应佩戴好防护用品。

（2）在室内或容器内喷涂时，应每隔 2h 左右到室外换空气。喷涂耐酸、耐腐蚀的过氯乙烯漆时，每隔 1h 到室外换空气一次，同时还应保持工作场所有良好的通风。

（3）使用天然漆（生漆）时，在操作前先用软凡士林（花土林）油膏涂抹两手及面部，用以封闭外露皮肤毛孔。

（4）在高浓度环境工作时，要戴防毒面具或加强机械通风，手上可涂保护性糊剂进行保护，工作结束后，用肥皂水洗净，并用水冲洗干净。

（5）用钢丝刷、板锉、气动或者电动工具清除铁锈或者铁鳞时，须佩戴好防护保护显微镜，在涂刷红丹防锈漆和含铅颜料的油漆时，要注意防止铅中毒，操作时要戴口罩或者防毒面具。

（二）场所安全

（1）喷涂厂房与明火操作场所的距离应大于 30m。

（2）喷涂作业应选择防爆环境。

（3）严禁烟火，工作人员不得携带火柴、打火机等火种进入喷涂作业场所。

（三）作业防护

（1）操作时应控制喷速，空气压力应控制在 0.2～0.4MPa，喷枪与工作表面的距离宜保持在 300～500mm。

（2）使用喷灯时，汽油不得过满，打气不得过足，应在避风处点燃灯。火嘴不能直接对人和易燃物品。使用时间不宜过长，以免发生爆炸。停歇时应立即熄火。

（3）作业现场油漆和溶剂贮存量以不超过一日用量为宜。为减少挥发量，容器应加盖。

（4）一般应尽量在露天喷涂，容器内喷涂必须保持良好的通风。

（5）室内喷漆作业，应设置通风和排风装置。通风机必须采用防爆风机。排风扇叶轮应采用有色金属制作，并经常检查，防止摩擦撞击。所有电气设备应良好接地。如果喷涂工艺没有严格的保湿要求，最好采用自然通风。

（6）夜间作业时，照明应采取防爆措施。

（7）露天喷漆作业时，不应在焊割、锻造、铸造等作业的明火场所进行。

第三节　典型区域检修安全

一、水处理区域检修安全

（一）用氢氟酸酸洗锅炉

（1）氢氟酸应盛装在聚乙烯或硬橡胶容器内，桶盖密封。不准放在日光下曝晒。

（2）淡酸系统如有泄漏，应拉警戒线，并派人看守，禁止接近。

（3）浓酸作业人员穿戴必要的防护用具，戴防毒口罩（含有钠石灰过滤的）和面罩。工作结束后必须淋浴冲洗。

（4）皮肤上溅着酸液，应立即用大量清水冲洗，并涂可的松软膏；眼睛内溅入酸液，应用大量清水冲洗，并滴氢化可的松眼药水。

（5）酸洗废液严禁直接排放。

（二）液氯设备的检修

（1）拆卸加氯机时，检修人员应站在上风位置，如感到身体不适，应立即离开现场，到空气流通地方休息。

（2）在用酒精擦洗加氯机零件时，严禁烟火。

（3）加氯机检修工作结束后，应由专人对所有接头逐个进行检查，防止漏装错装，并用10％氨水检漏。

（4）氯瓶应涂有暗绿色"液氯"字样的明显标志。

（5）氯瓶禁止放在烈日下曝晒和用明火烤。

（6）为增加氯气挥发量，应用淋水法，但水温不宜过高，更不准用沸水浇氯瓶安全阀。

二、氢站及用氢设备检修安全

（1）氢气系统检修或检验作业应制定作业方案及隔离、置换、通风等安全防护措施，并经过设备、安全等相关部门审批。未经安全部门主管书面审批，作业人员不得擅自维修或拆开氢气设备、管道系统上的安全保护装置。

（2）进入罐内作业应佩戴氧含量报警仪，同时应有人监护和其他有效的安全防护措施。

（3）储氢设备（包括管道系统）和发电机氢冷系统进行检修前，必须将检修部分与相连的部分隔断，加装严密的堵板；必须先用氮气将氢气置换，再用空气置换氮气。

（4）氢气系统动火检修，必须保证系统内部和动火区域氢气的最高含量不超过0.4％。

（5）在发电机内充有氢气时检修或在电解装置上进行检修工作，应使用铜制的工具，以防发生火花。

（6）防止明火和其他激发能源进入禁火区域，禁止使用电炉、电钻、火炉、喷灯等一切产生明火、高温的工具与热物体。

三、氨区检修安全

（一）准入要求

（1）禁止无关人员进入氨区，禁止携带火种或穿着可能产生静电的衣服和带钉子的鞋进入氨区。

（2）进入氨区应先触摸静电释放装置，消除人体静电，并按规定进行登记。

（二）检修准备

（1）检修作业必须严格执行工作票制度，在采取可靠隔离措施并充分置换后方可作业，不准带压修理和紧固法兰等设备。

（2）储罐内检修维护作业，应有效隔离系统，并经气体置换，同时要落实有限空间作业安全措施。

（3）氨区作业人员应熟知氨区作业规程和应急措施，作业前按等级进行风险评估，并做好安全交底工作。

（4）氨区及周围 30m 范围内动用明火或可能散发火花的作业，应办理动火工作票，在检测可燃气体浓度符合规定后方可动火。

（三）作业要求

（1）氨区检修作业应设监护人。

（2）严禁在运行中的氨管道、容器外壁进行焊接、气割等作业。

（3）从事设备检修作业应使用铜质等防止产生火花的专用工具。如必须使用钢制工具，应涂黄油或采取其他措施。

（4）氨系统发生泄漏时，宜使用便携式氨气检测仪或酚酞溶液查漏，禁止明火查漏。

（四）修后要求

氨系统经过检修后，应进行严密性试验。

（五）氨系统气体置换原则

（1）确保连接管道、阀门有效隔离。

（2）氮气置换氨气时，取样点氨气含量应不大于 26.56mg/m^3。

（3）压缩空气置换氮气时，取样点含氧量应达到 $18\% \sim 21\%$。

（4）氮气置换压缩空气时，取样点含氧量小于 2%。

四、油区检修安全

油储罐的维修应按 SY/T 5921《立式圆筒形钢制焊接油罐操作维护维修规范》的有关规定执行。

（一）安全条件

（1）燃油设备检修需要动火时，应办理动火作业措施票。

（2）燃油设备检修开工前，工作负责人和当值运行人员必须共同将被检修设备与运行系统可靠地隔离，在与系统、油罐、卸油沟连接处加装堵板，并对被检修设备进行有效冲洗和换气，测定设备冲洗换气后的气体浓度。

（3）严禁对燃油设备及油管道采用明火办法测验其可燃性。

（4）在油罐内进行明火作业时，应将通向油罐的所有管路系统隔绝，拆开管路法兰通大气。油罐内部应冲洗干净，并进行良好的通风。

（5）在燃油管道上和通向油罐（油池、油沟）的其他管道上（包括空管道）进行电、火焊作业时，必须采取可靠的隔绝措施，靠油罐（油池、油沟）一侧的管路法兰应拆开通大气，并用绝缘物分隔，冲净管内积油，放尽余气。

（二）临时动力及照明用电

（1）电源应设置在油区外面。

（2）横过通道的电线，应有防止被轧断的措施。

（3）全部动力线或照明线均应有可靠的绝缘及防爆性能。

（4）禁止把临时电线跨越或架设在有油或热体管道设备上。

（5）禁止把临时电线引入未经可靠冲洗、隔绝和通风的容器内部。

（6）油罐内进行检修工作，必须使用电压不超过 12V 的防爆灯。

（7）所有临时电线在检修工作结束后，应立即拆除。

（三）检修工具

（1）油区检修应尽量使用有色金属制成的工具，如使用铁制工具时，应采取防止产生火花的措施，例如涂黄油、加铜垫等。

（2）在油区进行电、火焊作业时，电、火焊设备均应停放在指定地点。不准使用漏电、漏气的设备。火线和接地线均应完整、牢固，禁止用铁棒等物代替接地线和固定接地点。电焊机的接地线应接在被焊接的设备上，接地点应靠近焊接处，并采用双线接地，不准采用远距离接地回路。

（3）用手电筒照明时应使用防爆电筒。

（4）严禁使用汽油或其他可燃、易燃液体清洗油垢。

（四）油罐蒸罐

（1）蒸罐前应切断储罐附件电源，拆除罐上电气、仪表等附属设备。

（2）蒸罐前确认罐前阀门处于关闭状态并上锁挂牌。

（3）蒸罐作业期间，值班人员应至少每小时巡回检查一次。

（4）蒸罐期间如突遇雷电、暴雨、六级以上大风（风速大于 10.8m/s）天气时，应严禁人员上罐操作。

（5）蒸罐期间如突遇降雨，应继续向罐内输送蒸汽，并立即打开油罐下部的人孔，待罐内外压力平衡后，可逐步减少蒸汽供应，直至停止蒸罐作业。

（五）油罐清洗

（1）清洗前作业区周围 30m 以内严禁动火。

（2）清洗前应检查防雷接地的完好情况。

（3）清洗前所有与储罐相连管线阀门应加盲板隔断，严禁以阀门代替盲板作为隔断措施。

（4）人员在罐内作业过程中应对罐内进行强制通风，并定时对罐内气体进行取样分析，作业时每 30min 更换人员一次。

（5）人员在罐内作业时，罐外应至少有 2 名监护人员。

（6）罐内作业时使用的照明设备应使用安全电压。

（7）清罐作业采用的设备、机具和仪器应符合相应的防火、防爆、防静电要求。

五、天然气区域检修安全

（1）对天然气系统设备进行拆装维护保养工作前，必须根据 CJJ 51《城镇燃气设施运行、维护和抢修安全技术规程》的相关规定，进行惰性气体置换工作。

（2）进行维护检修，应采取防爆措施或使用防爆工具。

（3）天然气区域动用明火或可能散发火花的作业，应办理动火工作票，检测可燃气体浓度符合规定后方可动火。

（4）在动火作业过程中必须对气体浓度进行连续检测，保证动火作业安全。

（5）严禁对运行中的天然气管道、容器外壁进行焊接、气割等作业。

六、六氟化硫设备检修安全

（一）一般要求

（1）检修人员进入六氟化硫配电装置室，应观察 SF_6 气体含量显示器。入口处若无 SF_6 气体含量显示器，应先通风 15min，并用检漏仪测量 SF_6 气体含量合格。

（2）不准一人单独从事检修工作。

（3）设备解体检修前，应对 SF_6 气体进行检验，根据有毒气体的含量，采取安全防护措施。打开设备封盖后，现场所有人员应暂时离开 30min。

（4）处理一般渗漏时，要佩戴防毒面具或正压式空气呼吸器并进行通风。

（5）SF_6 断路器（开关）进行操作时，禁止检修人员在其外壳上工作。

（二）解体处理

（1）设备解体前需要排放和处理使用过的 SF_6 气体。

（2）解体前需对气体全面进行分析，以确定其有害成分含量。也可用气体毒性生物试验的方法确定其毒性的程度，然后制定防毒措施。

（3）设备解体前，通过气体回收装置将 SF_6 气体全部回收，回收的气体应装入有明显标记的容器内准备处理。回收的 SF_6 气体，经分析湿度不符合新气质量标准值时，必须净化处理，经确认合格后方可再用。

（4）如果残余气体向大气中排放时，要经过滤毒罐吸附，防止向大气中排放有毒气体。

（三）回收或综合处理

（1）在打开设备前，必须先回收气体，并抽真空。

（2）对设备内部进行彻底通风。

（3）工作人员应戴防毒面具和橡皮手套。

（4）将金属氟化物粉尘集中起来，装入塑料袋并深埋。

（四）电气设备内的吸附剂和回收装置吸附罐中吸附剂处置

（1）按 20mL/g 的比例将吸附剂放入当量浓度为 1N 的氢氧化钠溶液中，搅拌浸泡 24h，将吸附剂内部可溶于水和可水解、碱解的 SF_6 气体分解物转移到氢氧化钠溶液中。

（2）对浸泡过吸附剂的氢氧化钠溶液要用当量浓度为 0.1N 的硫酸进行中和，在溶液呈中性时，方可排放。

（3）对排放后剩余吸附剂及固体物质经水洗后可作为普通垃圾处理或深埋掉。

（五）人员安全

（1）设备解体后，检修人员应立即离开作业现场到空气新鲜的地方，工作现场需要强力通风，以清理残余气体，至少 30～60min 后再进行工作。

（2）SF_6 电气设备内部含有有毒的或腐蚀性的粉末，有些固态粉末附着在设备内及原件的表面，要仔细地将这些粉末彻底清理干净。应用专用吸尘器进行清理，用于清理的物品需要用浓度约为 20％的氢氧化钠水溶液浸泡后深埋。

（3）检修人员需穿着防护服并根据需要佩戴防毒面具或正压式空气呼吸器。检修人员与分解气体和粉尘接触时，应该穿耐酸质料的衣裤相连的工作服，戴塑料或软胶手套，戴专用的防毒呼吸器，操作人员工作完毕后应注意清洗。

（六）应急处置

（1）SF_6 电气设备发生故障气体外逸时，人员应立即撤离现场，并立即采取强力通风，换气时间不得少于 15min。

（2）发生事故后，任何人进入室内必须穿防护服，戴手套及防毒面具。

（3）发生故障时，若有人被外逸气体侵袭，应立即脱掉工作服，送医院诊治。

（4）配电装置发生大量泄漏等紧急情况时，只有经过充分自然排风或强制排风，并用检漏仪测量 SF_6 气体合格，用仪器检测氧含量（不小于 18％）合格后，人员才准进入。

（5）发生设备防爆膜破裂时，应停电处理，并用汽油或丙酮擦拭干净。

七、 烟囱、 吸收塔防腐安全

近年来脱硫吸收塔火灾事故频发（见知识拓展 7-2），如何在脱硫吸收塔检修过程中确保不发生火灾事故，成为电厂检修面临的安全问题之一。

（一）管理措施

（1）防腐衬胶施工区域必须采取严密的全封闭式隔离措施，设置 1 个出入口，在隔离防护墙上四周悬挂醒目的"衬胶施工，严禁烟火！"警告标志。

（2）严格执行衬胶施工区域出入制度。

（3）建立施工区域保安制度，专人值班，凭证出入，无证人员严禁入内。凡进入衬胶施工区域的人员严禁带火种，严禁吸烟。

（4）塔外必须有专职人员监护。

（5）电焊工以及其他施工人员，撤离现场前，必须认真清理现场，仔细检查每一个角落，看是否有带火的焊渣，必要时可对焊渣的堆积点实施淋水处理，消除热源，而且要检查电焊机电源确已断开。

（二）防火

（1）进入吸收塔、烟道内进行衬胶、贴鳞片的工作人员必须穿戴合格的防护用品，严禁穿带钉的鞋和穿化纤衣服进入塔内。

（2）吸收塔、烟道内照明必须采用 24V 防爆灯，电源电线必须使用新的软橡胶电缆，电源控制开关必须是防爆型的，应设置在吸收塔或烟道外面。

（3）吸收塔、烟道内应设置容量足够的换气风机，确保烟道、吸收塔内通风良好，尽量减少丁基胶水挥发分子的积聚。

（4）吸收塔、净口烟道与衬胶施工作业时，在其 15m 范围内严禁动火；严禁在靠近净口烟道 GGH（脱硫空气热交换器）处进行动火作业，非动火不可时，一定要采取严密、可靠的安全隔离措施。

（5）安装单位在吸收塔筒壁外安装施工时，必须要把吸收塔上的人孔、管口、烟气进出口封堵好，严防电焊火花及其他火种从烟气进出口、人孔、管道接口等落入已衬胶的吸收塔内。

（6）安装单位需要在吸收塔周围 5m 内动火时，必须严格执行动火工作票制度，预先备好灭火器、消防水带，必要时设置防火隔离墙。

（7）吸收塔及烟道内的脚手架铺设钢跳板，不铺设竹跳板；并禁止堆积物料，作业用胶板和胶水，即来即用，人离物尽。应消除一切可燃物质，防止火灾发生。

（三）应急

配备消防车和灭火器材。吸收塔附近配备 1 台消防车，吸收塔、烟道内必须设置足够的灭火器材。

知识拓展 7-2

吸收塔作业风险来源

目前现场施工常用的玻璃鳞片胶泥，主要由 60% 左右 901 乙烯基树脂、酮类固化剂、20% 左右玻璃鳞片、15% 滑石粉等填料、2% 苯乙烯稀释剂组成，在施工时为了使涂料具有流动性需加入 10% 左右苯乙烯作为稀释剂，苯乙烯因分子量较大，挥发性较差，在玻璃鳞片的鱼鳞结构良好的防渗遮蔽作用下，苯乙烯更难挥发，因此在玻璃鳞片胶泥施工完毕后较长时间内涂层中依然存在大量苯乙烯，安全隐患增加。

苯乙烯蒸汽密度大于空气密度，当苯乙烯挥发后会沉降到施工区域底部，随着时间的延长，底部苯乙烯的浓度越来越高甚至会达到其爆炸极限。

玻璃鳞片胶泥的耐温极限大约在 180℃，当遇到电焊火花、烟头等高温物质时，涂层遭到破坏，封闭在涂层内的苯乙烯、有机树脂等充分与空气接触，具备了燃烧的条件，从而产生燃烧。如果能够提高玻璃鳞片胶泥的耐温性能，保证短暂接触高温时涂层不被破坏，则涂层能隔绝氧气，使封闭在涂层内的苯乙烯、有机树脂等不具备燃烧条件，杜绝或延缓燃烧。但目前尚无法提高玻璃鳞片胶泥的耐温性。

第四节 爆破作业安全

一、依法合规

（1）爆破工作必须委托具有专业资质的单位执行。

（2）只许经过专门训练并取得相关爆破资质的人员执行爆破任务和帮助搬运爆破物品。

（3）放炮地点与建筑物距离不符合放炮的规定时，应在爆破点的上部加保护设施，防止岩石块飞出打伤人。

（4）担任放炮人员，应经过学习并考试合格。采用电放炮时，接线与放炮必须由一人担任。

二、装药前准备

（1）炮眼装药前，应检查炮眼内是否还有钻粉及杂物，将炮眼内清理干净后方可装药。

（2）工作负责人应清点人员，所有工作人员应退出现场200m以外。如为土方爆破，应在100m以外的安全地点隐避。如采取深孔爆破并加大药力时，可适当增加安全距离。

（3）装药前应对作业场地、爆破器材堆放场地进行清理，装药人员应对准备装药的全部炮孔、药室进行检查。

三、药品准备

（1）从炸药运入现场开始，应划定装药警戒区，警戒区内禁止烟火，并不得携带火柴、打火机等火源进入警戒区域；采用普通电雷管起爆时，不得携带手机或其他移动式通信设备进入警戒区。

（2）炸药运入警戒区后，应迅速分发到各装药孔口或装药硐口，不应在警戒区临时集中堆放大量炸药，不得将起爆器材、起爆药包和炸药混合堆放。

（3）搬运爆破器材应轻拿轻放，装药时不应冲撞起爆药包。

（4）炎热天气不应将爆破器材在强烈日光下曝晒。

（5）从带有电雷管的起爆药包或起爆体进入装药警戒区开始，装药警戒区内应停电，应采用安全蓄电池灯、安全灯或绝缘手电筒照明。

四、装药注意事项

（一）一般规定

（1）在铵油、重铵油炸药与导爆索直接接触的情况下，应采取隔油措施或采用耐油型导爆索。

（2）在黄昏或夜间等能见度差的条件下，不宜进行露天及水下爆破的装药工作，如确需进行装药作业时，应有足够的照明设施保证作业安全。

（3）爆破装药现场不得用明火照明。

（4）爆破装药用电灯照明时，在装药警戒区20m以外可装220V的照明器材，在作业现场或硐室内应使用电压不高于36V的照明器材。

（5）在同一工作地点一次放炮的炮眼，应全部打好后，再行装药。

（二）人工装药

（1）爆体、起爆药包应由爆破员携带、运送。

（2）炮孔装药应使用木质或竹制炮棍。

（3）不应往孔内投掷起爆药包和敏感度高的炸药，起爆药包装入后应采取有效措施，防止后续药卷直接冲击起爆药包。

（4）装药发生卡塞时，若在雷管和起爆药包放入之前，可用非金属长杆处理。装入雷管或起爆药包后，不得用任何工具冲击、挤压。

（5）在装药过程中，不得拔出或硬拉起爆药包中的导爆管、导爆索和电雷管引出线。

（6）露天浅孔、深孔、特种爆破，爆后应超过 5min 方准许检查人员进入爆破作业地点；如不能确认有无盲炮，应经 15min 后才能进入爆区检查。

（7）露天爆破经检查确认爆破点安全后，经当班爆破班长同意，方准许作业人员进入爆区。

（8）严禁使用铁钎子往眼内推送药包。

五、爆破前准备

（1）在放炮前，要把工具及爆破材料全部拿出现场。

（2）放炮前，要同附近工作人员及居民取得联系，并应在危险地区内，设立明显的红旗及标示牌，交叉路口应设专人看守。

六、放炮注意事项

（1）爆破工作只准由一人负责统一指挥。必须在得到爆破指挥者同意后才能进行放炮。

（2）点导火线须用火绳或其他特殊办法。在同一基坑内不能同时点 4 个以上的导火线，如需要，可集体连引导火线。

（3）雷管和导火线连接时，应用特殊钳子夹雷管口部，严禁碰雷汞部分或用牙代替钳子。

（4）炮响后，应详细检查是否有瞎炮，但必须等待 20min 后，方可回到坑口进行检查。

（5）放完炮后，必须清点雷管、药包数目是否相符，再把剩余的雷管和药包退回仓库。

（6）未响的炮眼和剩药的炮底，不准继续打眼或从炮眼里往外抽药包和雷管。重新打眼时，要离瞎炮 600mm 以上，并须与原来炮眼方向相同。

七、无效药处理

对无效的炸药进行处理时，应采用可靠方法，不准任意销毁。一般可用下列方法处理：

（1）硝酸炸药采用爆炸法、溶解法、淹溺法或烧毁法。

（2）黄色炸药采用爆破烧毁法。

（3）导火线采用烧毁法。

（4）雷管采用爆破法。

第八章

危险化学品废弃处理

大部分废弃的危险化学品属于危险废物（见知识拓展 8-1），根据《废弃危险化学品污染环境防治法》按照危险废物进行管理。

知识拓展 8-1

危险废物

危险废物可以分为两大类，一类是指列入《国家危险废物名录》（2021 版）的废物；一类是指没有列入《国家危险废物名录》（2021 版）的废物，但是根据国家规定的危险废物鉴别标准和鉴别方法，废物中某有害、有毒成分含量超过标准限值则认定为危险废物。

第一节 一 般 要 求

一、依法合规

（1）申报登记。产生工业固体废物的单位必须按照国务院环境保护行政主管部门的规定，向所在地县级以上地方人民政府环境保护行政主管部门提供工业固体废物的种类、产生量、流向、储存、处置等有关资料。申报事项有重大改变的，应当及时申报。

（2）废弃化学品应委托有相关危险废物处置利用资质的单位处理。

二、危险废物的储存

（一）设置标识

（1）危险废物的容器和包装物，收集、储存、运输、利用、处置危险废物的设施、场所，必须设置危险废物识别标志。

（2）危险废物识别标识就是用文字、图像、色彩等综合形式，表明危险废物的危险特性。

（3）字体为黑体字，底色为醒目的橘黄色。

（二）分类储存

（1）储存、利用、处置危险废物要符合国家有关规定和环境保护标准要求，不得擅自倾倒、堆放。

（2）收集、储存危险废物，必须按照危险废物特性分类进行。

（3）禁止混合收集、储存、运输、处置性质不相容而未经安全性处置的危险废物。

（4）储存危险废物必须采取符合国家环境保护标准的防护措施。

（5）禁止将危险废物混入非危险废物中储存。

（三）储存时间

从事收集、储存、利用、处置危险废物经营活动的单位，储存危险废物不得超过一年；确需延长期限的，必须报经原批准经营许可证的生态环境主管部门批准。

三、危险废物常见处理方法

1. 物理处理

通过浓缩或变化改变固体废物的结构使之成为便于运输、储存、利用或处置的形态，包括压实、破碎、分选、增稠、吸附、萃取等方法。

2. 化学处理

采用化学方法破坏固体废物中的有害成分，从而达到无害化，或将其转变成为适于进一步处理、处置的形态。

3. 生物处理

利用微生物分解固体废物中可降解的有机物，从而达到无害化或综合利用。生物处理方法包括好氧处理、厌氧处理和兼性厌氧处理。

4. 热处理

通过高温破坏和改变固体废物组成和结构，同时达到减容、无害化或综合利用的目的。其方法包括焚化、热解、湿式氧化以及焙烧、烧结等。

5. 固化处理

采用固化基材将废物固定或包覆，以降低其对环境的危害，主要用于有害废物和放射性废物。

四、危废储存间

（1）危险废物储存间必须要密闭建设，门口内侧设立围堰，地面应做好硬化及"三防"措施（防扬散、防流失、防渗漏）。

（2）危险废物储存间门口需张贴标准规范的危险废物标识和危险废物信息板，屋内张贴企业《危险废物管理制度》。

（3）危险废物储存间需按照"双人双锁"制度管理。

（4）不同种类危险废物应有明显的过道划分，墙上张贴危废名称，液态危险废物需将盛装容器放至防泄漏托盘内并在容器粘贴危险废物标签，固态危险废物包装需完好无破损并系挂危险废物标签，并按要求填写。

（5）建立台账并悬挂于危险废物储存间内，转入及转出（处置、自利用）需要填写危废种类、数量、时间及负责人员姓名。

（6）危险废物储存间内禁止存放除危险废物及应急工具以外的其他物品。

第二节 专 项 要 求

化验室危险化学品处置要求如下：

（一）一般要求

（1）对实验室废弃化学品进行分类、收集、储存操作时应做好个体防护。

（2）对实验室废弃化学品进行分类、收集、储存操作的人员应熟知实验室废弃化学品的危险特性、防护措施等。

（3）处理会释放出烟和蒸汽的实验室废弃化学品时，应在通风柜内操作，操作后应立即盖紧容器。

（4）实验室废弃化学品产生者应备有书面应急程序，以应对在分类、收集及储存实验室废弃化学品时发生的溢出、泄漏、火灾等紧急情况。

（5）对不明实验室废弃化学品不得擅自处理。

（二）废弃物管理要求

（1）企业如无妥善处理废弃化学品的技术设施，应将其产生的实验室废弃化学品收集交给具有相应处理资质的废弃化学品经营者进行转运、处理、处置，严禁擅自倾倒、排放或交给未取得经营资格的单位进行处理处置。

（2）实验室废弃化学品分类见表 8-1，实验过程中产生的废弃化学品分类见表 8-2。

表 8-1　　　　　　　　　　　实验室废弃化学品分类

序号	类别	说明
1	优先控制的实验室废弃化学品	指以下实验室废弃化学品：镉、铅、汞、三氯苯、四氯苯、三氯苯酚、溴苯醚、厄、厄烯、蒽、苯并芘、氧芴、二噁英/呋喃、硫丹、氟、七氟、环氧七氟、六氯苯、六氯丁二烯、六氯环己烷、甲氧氯、卫生球、多环芳香类化合物、二甲戊乐灵、五氯苯、五氯硝基苯、五氯苯酚、菲、芘、氟乐灵、多氯联苯
2	实验过程中产生的废弃化学品	指在教学、科研、分析检测等实验室活动中产生的实验室废弃化学品
3	过期、失效或剩余的实验室废弃化学品	指未经使用的报废试剂等
4	盛装过化学品的空容器	指盛装过试剂、药剂的空瓶或其他容器，无明显残留物
5	沾染化学品的实验耗材等废弃物	指实验过程中被污染的实验耗材等

表 8-2　　　　　　　　　　　实验过程中产生的废弃化学品分类

序号	类别
1	无机浓酸溶液及其相关化合物
2	无机浓碱溶液及其相关化合物
3	有机酸
4	有机碱

序号	类别
5	可燃性非卤代有机溶剂及其相关化合物
6	可燃性卤代有机溶剂及其相关化合物
7	不燃非卤代有机溶剂及其相关化合物
8	不燃卤代有机溶剂及其相关化合物
9	无机氧化剂及过氧化物
10	有机氧化剂及过氧化物
11	还原性水溶液及其相关化合物
12	有毒重金属及其混合物
13	有毒物质、除草剂、杀虫剂和致癌物质*
14	氰化物
15	石棉或石棉的废弃化学品
16	自燃物质
17	遇水反应的物质
18	爆炸性物质
19	不明废弃化学品

　*　可参考 GB 5085.6《危险废物鉴别标准　毒性物质含量鉴别》中的有关规定。

（3）盛装实验室废弃化学品的包装容器应张贴规范的实验室废弃化学品标签。

（4）实验室废弃化学品的储存设施或区域应设立醒目的警告标志。

（三）收集、储存要求

（1）废弃化学品应粘贴符合 GB 15258《化学品安全标签编写规定》或 GB 18597《危险废物贮存污染控制标准》的安全标签，该安全标签应做好防腐蚀措施，并粘贴于收集容器远离开口面的位置，同时详细填写实验室废弃化学品收集记录。

（2）如需要对实验室废弃化学品进行混合收集，收集之前应明确废弃化学品的成分，根据废弃化学品相容性表及化学品安全说明书的有关安全数据进行收集并如实进行标识。不明成分的实验室废弃化学品严禁与其他废弃化学品混合收集。

（3）废弃化学品须使用密闭式容器收集、储存，储存容器应与实验室废弃化学品具有相容性，一般可为高密度聚乙烯桶（HDPE 桶），但若与 HDPE 桶不相容的则使用不锈钢桶或其他相容性容器。

（4）对于实验室产生的少量废弃化学品可存在卫星式存储区（SAA），卫星式存储区应有醒目标识［标识可参照 GB 13690《化学品分类和危险性公示　通则》的有关要求］。储存在 SAA 区域的每一类废弃化学品的数量和储存时限应有明确的规定，具体可根据实验室废弃化学品的产生量、处理和储存设施容量等具体情况确定。

（5）对于储存在集中存储区（WAA）的实验室废弃化学品，存储区应有醒目标识［标识可参照 GB 13690《化学品分类和危险性公示　通则》的有关要求］。储存在 WAA 区域的实验室废弃化学品储存时限可按照实验室废弃化学品产生单位的规定确定。当实验室废弃化学品装满储存设施容量的 3/4 时，应及时申请清运、处理。不明成分的实验室废弃化学品在成分确定前不得储存在 WAA 区域。

（6）实验室废弃化学品储存容器中若有多种相容的废弃化学品混合储存时，每次向容器中放入废弃化学品时，均需登记废弃化学品名称、数量、时间等，并附《实验室废弃化学品收集记录表》。

（7）实验室废弃化学品被错误放置到容器中后，不应通过取出废弃化学品来改正分类的错误，也不应随意转移到另一容器中，应按混合废弃化学品收集。

（8）收集、储存容器应保持良好情况，如有严重生锈、损坏或泄漏，应立即更换。

（9）实验室废弃化学品不可置入收集生活废弃物的垃圾桶内。

（10）报废的高浓度废弃化学品使用原容器暂存。

（11）剧毒类废弃化学品（如氧化物、氧化砷）按照剧毒类化学品储存和管理。

（12）重金属（如镉、汞）含量较高的实验室废弃化学品应单独收集，不得与其他废弃化学品混合。

（四）常见实验室废弃化学品收集储存要求

（1）酸类废弃化学品：应远离活泼金属（如钠、钾、镁等）及接触后即产生有毒气体的物质（如氯化物、硫化物等）。

（2）碱类废弃化学品：应远离酸及性质活泼的化学品。

（3）易燃废弃化学品：宜置于暗冷处并远离有氧化作用的酸或产生火花火焰的物质，且其存量不可太多。

（4）氧化剂类废弃化学品（如过氧化物、氧化铜、氧化银、氧化汞、含氧酸及其盐类、高氧化价的金属离子等）应放在暗冷处，并远离还原剂（如锌、碱金属、碱土金属、金属氯化物、低氧化价的金属离子、甲酸、醛、草酸等）。

（5）与水易反应的废弃化学品应存放在干冷处并远离水。

（6）与空气易反应的废弃化学品应采取隔绝空气（如水封、油封或充惰性气体隔离）处理并盖紧瓶盖。

（7）与光易变化的废弃化学品应存放在深色瓶中，避免阳光照射。

（8）可变成过氧化物的废弃化学品应存放在深色瓶中并盖紧瓶盖。

（9）有机废弃化学品多为易挥发的液体，易燃且有毒性，应存放在药柜最底层且通风良好，谨防地震时倾倒摔裂。

第九章

危险化学品公示

危险化学品生产、储存、使用场所，重大危险源的场所，应悬挂安全警示标示，作为对进入场所人员的公告及提示。

一、一般要求

（一）标志要素

（1）安全警示标志以文字和图形符号组合的形式，表示工作场所存在的化学品的危险性和安全注意事项。

（2）标志要素包括化学品标识、理化特性、危险象形图、警示词、危险性说明、防范说明、防护用品说明、报警电话以及资料参阅提示语等。

（二）标志内容

1. 化学品标识

化学品作业场所安全警示标志应列明化学品的中文化学名称或通用名称，以及美国化学文摘号（CAS 号）。化学品标识要醒目、清晰，位于标志的上方。名称应与化学品安全技术说明书中的名称一致。

2. 理化特性

相应的理化数据包括闪点、爆炸极限、密度、挥发性等。

3. 危险象形图

采用 GB 30000《化学品分类和标签规范》（所有部分）规定的危险象形图，9 种危险象形图见表 9 - 1。

4. 警示词

根据化学品的危险程度和类别，用"危险""警告"两个词分别进行危害程度的警示。根据 GB 30000《化学品分类和标签规范》，选择不同类别危险化学品的警示词。警示词位于化学品名称的下方。

5. 危险性说明

简要概述化学品的危险特性。

6. 防范说明

表述化学品在处置、搬运、储存和使用作业中所应注意的事项和发生意外时简单有效的救护措施等，要求内容简明扼要、重点突出。应包括安全预防措施、意外情况（如泄漏、人员接触或火灾等）的处理、安全储存措施及废弃处置等内容。防范说明按 GB 15258《化学品安全标签编写规定》的规定表述。

表 9-1   9 种危险象形图

危险象形图			
该图形对应的危险性类别	(1) 爆炸物，类别 1~3； (2) 自反应物质，A、B 型； (3) 有机过氧化物，A、B 型	压力下气体	(1) 氧化性气体； (2) 氧化性液体； (3) 氧化性固体
危险象形图			
该图形对应的危险性类别	(1) 易燃气体，类别 1； (2) 易燃气溶胶； (3) 易燃液体，类别 1~3； (4) 易燃固体； (5) 自反应物质，B~F 型； (6) 自热物质； (7) 自燃液体； (8) 自燃物体； (9) 有机过氧化物，B~F 型； (10) 遇水放出易燃气体的物质	(1) 金属腐蚀物； (2) 皮肤腐蚀/刺激，类别 1； (3) 严重眼损伤/眼睛刺激，类别 1	急性毒性，类别 1~3
危险象形图			
该图形对应的危险性类别	(1) 急性毒性，类别 4； (2) 皮肤腐蚀/刺激，类别 2； (3) 严重眼损伤/眼睛刺激，类别 2A； (4) 皮肤过敏	(1) 呼吸过敏； (2) 生殖细胞突变性； (3) 致癌性； (4) 生殖毒性； (5) 特异性靶器官系统毒性一次接触； (6) 特异性靶器官系统毒性反复接触； (7) 吸入危害	对水环境的危害，急性类别 1，慢性类别 1、2

7. 个体防护用品说明

个体防护用品使用防护象形图来表示。根据作业场所化学品的危险特性，单独或组合使用防护象形图。防护象形图按 GB 2894《安全标志及其使用导则》指示标志的规定选择。

8. 报警电话

填写发生危险化学品事故后的报警电话。所提供电话应 24h 有人接听。

9. 资料参阅提示语

提示参阅化学品安全技术说明书。

10. 危险信息先后排序

当化学品具有两种及两种以上的危险性时，作业场所安全警示标志的象形图、警示词、危险性说明的先后顺序按 GB 15258 的规定执行。

(三) 样例

化学品作业场所安全警示标志样例参见图 9-1。

化学品作业场所安全警示标志

硫酸

CAS号：7664-93-9

危 险

对皮肤、黏膜等组织有强烈的刺激和腐蚀作用。蒸气或雾可引起结膜炎、结膜水肿、角膜混浊，以致失明。

对环境有危害，对水体和土壤可造成污染。

本品助燃，具强腐蚀性、强刺激性，可致人体灼伤。

【理化特性】

熔点（℃）：10.5；沸点（℃）：330；相对密度（水=1）：1.83；饱和蒸气压（kPa）：0.13（145.8℃）。可腐蚀金属，遇电石、高氯酸盐、雷酸盐、硝酸盐、苦味酸盐、金属粉末等猛烈反应，发生爆炸或燃烧。与易燃物（如苯）和可燃物（如糖、纤维素等）接触会发生剧烈反应，甚至引起燃烧。

【预防措施】

密闭操作，注意通风。穿橡胶耐酸碱服，戴橡胶耐酸碱手套。佩戴防护眼镜、防护面罩。操作后彻底清洗身体接触部位。使用本产品时不要进食、饮水或吸烟。禁止释放到环境中。

【事故响应】

皮肤接触：脱去被污染的衣物，立即用流动的清水彻底冲洗至少15min，或用2%碳酸氢钠溶液冲洗后就医。

眼睛接触：立即提起眼睑，用流动清水或生理盐水冲洗至少15min，就医。

吸入：迅速脱离现场至空气新鲜处，呼吸困难时给输氧，给予2%~4%碳酸氢钠溶液雾化吸入，就医。

食入：误服者给饮牛奶、蛋清、植物油等口服，不可催吐，立即就医。

火灾时，使用干粉、二氧化碳、砂土；禁止用水。

【安全储存】

储存于阴凉、通风的库房。库温不超过35℃，相对湿度不超过85%。保持容器密封。应与易（可）燃物、还原剂、碱类、碱金属、食用化学品分开存放，切忌混储。储区应备有泄漏应急处理设备和合适的收容材料。

【废弃处置】

缓慢加入碱液—石灰水中，并不断搅拌，反应停止后，用大量水冲入废水系统。

【个体防护用品】

请参阅化学品安全技术说明书

报警电话：火警119 医疗救护120 匪警110

图 9-1 化学品作业场所安全警示标志样例

二、 制作

（一）编写

化学品作业场所安全警示标志应保持与化学品安全技术说明书的信息一致，若发现新的危险性，及时做出更新。

（二）颜色

危险象形图的颜色一般使用黑色符号加白色背景，方块边框为红色。警示词应使用黄色，搭配黑色对比底色。正文应使用与底色反差明显的颜色，一般采用黑白色。

（三）字体

化学品标识、警示词、危险性说明以及标题宜使用黑体，其他内容宜使用宋体。字体要求醒目、清晰。

（四）标志大小

通常情况下，横版标志的大小不宜小于 80cm×60cm，竖版标志的大小不宜小于 60cm×90cm。

（五）印制

（1）化学品作业场所安全警示标志的制作应清晰、醒目，应在边缘加一个黄黑相间条纹的边框，边框宽度大于或等于 3 mm。

（2）采用坚固耐用、不锈蚀的不燃材料制作，有触电危险的作业场所使用绝缘材料，有易燃易爆物质的场所使用防静电材料。

三、 应用

（一）设置的位置

作业场所的出入口、外墙壁或反应容器、管道旁等的醒目位置。

（二）设置方式

化学品作业场所安全警示标志设置方式分附着式、悬挂式和柱式 3 种。悬挂式和附着式应稳固不倾斜，柱式应与支架牢固地连接在一起。

（三）设置高度

设置的高度，应尽量与人眼的视线高度相一致。悬挂式和柱式的下缘距地面的高度不宜小于 1.5m。

（四）注意事项

（1）化学品作业场所安全警示标志应设在与安全有关的醒目处，并使进入作业场所的人员看见后，有足够的时间来注意它所表示的内容。

（2）化学品作业场所安全警示标志不应设在门、窗、架等可移动的物体上。标志前不得放置妨碍认读的障碍物。

（3）标志的平面与视线夹角应接近 90°，观察者位于最大观察距离时，最小夹角不低于 75°。

第十章

危险化学品相关事故案例

第一节　重大、特别重大事故

案例一：重庆天然气井井喷硫化氢特大中毒事故

2003 年 12 月 23 日，位于重庆某天然气井发生井喷事故，造成 243 人死亡（职工 2 人，当地群众 241 人），直接经济损失 9262.71 万元。

事故原因：

（1）井喷的原因：起钻前，泥浆循环时间严重不足；在起钻过程中，没有按规定灌注泥浆，且在长时间检修顶驱后，没有下钻充分循环，排出气侵泥浆，就直接起钻。未能及时发现溢流征兆。

（2）井喷失控的原因：在钻柱中没有安装回压阀，致使起钻发生井喷时钻杆内无法控制，使井喷演变为井喷失控。

（3）事故扩大的原因：井喷失控后，未能及时采取放喷管线点火措施，以致大量含有高浓度硫化氢的天然气喷出扩散，导致人员伤亡扩大。

案例二：天津危险品仓库爆炸事故

2015 年 8 月 12 日，位于天津市某危险品仓库发生特别重大火灾爆炸事故。事故造成 165 人遇难，8 人失踪，798 人受伤住院治疗；304 幢建筑物（其中办公楼宇、厂房及仓库等单位建筑 73 幢，居民 1 类住宅 91 幢、2 类住宅 129 幢、居民公寓 11 幢）、12428 辆商品汽车、7533 个集装箱受损。

事故原因：

由于保管不善等多种原因耦合引起硝化棉湿润剂散失，出现局部干燥，在高温环境作用下，加速分解反应，产生大量热量，由于集装箱散热条件差，致使热量不断积聚，硝化棉温度持续升高，达到其自燃温度，发生自燃。救援人员对储存物质种类、性质不清，错误施救，导致事故扩大。

案例三：长春市某禽业有限公司"6·3"特别重大火灾爆炸事故

2013 年 6 月 3 日，位于吉林省长春市某禽业公司主厂房发生特别重大火灾爆炸事故，共造成 121 人死亡、76 人受伤，17 234m² 主厂房及主厂房内生产设备被损毁，直接经济损失 1.82 亿元。

事故原因：

主厂房一车间女更衣室西面和毗邻的二车间配电室的上部电气线路短路，引燃周围可燃物。当火势蔓延到氨设备和氨管道区域，燃烧产生的高温导致氨设备和氨管道发生物理爆炸，大量氨气泄漏。

造成火势迅速蔓延的主要原因：

一是主厂房内大量使用聚氨酯泡沫保温材料和聚苯乙烯夹芯板（聚氨酯泡沫燃点低、燃烧速度极快，聚苯乙烯夹芯板燃烧的滴落物具有引燃性）。

二是一车间女更衣室等附属区房间内的衣柜、衣物、办公用具等可燃物较多，且与人员密集的主车间用聚苯乙烯夹芯板分隔。

三是吊顶内的空间大部分连通，火灾发生后，火势由南向北迅速蔓延。

四是当火势蔓延到氨设备和氨管道区域时，燃烧产生的高温导致氨设备和氨管道发生物理爆炸，大量氨气泄漏，介入了燃烧。

案例四：江苏盐城响水"3·21"特别重大事故

2019年3月21日，位于江苏省盐城市响水县某化工公司发生特别重大爆炸事故，造成78人死亡、76人重伤、640人住院治疗，直接经济损失19.86亿元。

事故原因：

该公司旧固废库内长期违法储存的硝化废料持续积热升温导致自燃，燃烧引发爆炸。

案例五：青岛黄岛输油管道爆炸事故

2013年11月22日，位于山东省青岛经济技术开发区的输油管道泄漏原油进入市政排水暗渠，在形成密闭空间的暗渠内油气积聚遇火花发生爆炸，造成62人死亡、136人受伤，直接经济损失75 172万元。

事故原因：

输油管道与排水暗渠交汇处管道腐蚀减薄、管道破裂、原油泄漏，流入排水暗渠及反冲到路面。原油泄漏后，现场处置人员采用液压破碎锤在暗渠盖板上打孔破碎，产生撞击火花，引发暗渠内油气爆炸。

案例六：河北张家口某化工厂重大爆燃事故

2018年11月28日，位于河北张家口某化工厂氯乙烯泄漏扩散至厂外区域，遇火源发生爆燃，造成24人死亡（其中1人后期医治无效死亡）、21人受伤，38辆大货车和12辆小型车损毁，截至2018年12月24日直接经济损失4148.8606万元，其他损失尚需最终核定。

事故原因：

该化工厂违反企业《气柜维护检修规程》《低压湿式气柜维护检修规程》的规定，聚氯乙烯车间的1号氯乙烯气柜长期未按规定检修，事发前氯乙烯气柜卡顿、倾斜，开始泄漏，压缩机入口压力降低，操作人员没有及时发现气柜卡顿，仍然按照常规操作方式调大压缩机回流，进入气柜的气量加大，加之调大过快，氯乙烯冲破环形水封泄漏，向厂区外扩散，遇火源发生爆燃。

案例七：某油库"8·12"特大火灾事故

1989年8月12日，某油库老罐区2.3万 m^3 原油储量的5号混凝土油罐爆炸起火，大火前后共燃烧104h，烧掉原油4万多 m^3，占地166 675m^2 的老罐区和生产区的设施全部烧毁，这起事故造成直接经济损失3540万元。在灭火抢险中，10辆消防车被烧毁，19人牺牲，100 多人受伤。其中，公安消防人员牺牲 14 人，负伤 85 人。

事故原因：

由于非金属油罐本身存在缺陷，遭受对地雷击产生感应火花而引爆油气。

案例八：深圳市某化学危险品仓库特大爆炸事故

1993 年 8 月 5 日，深圳市某化学危险品仓库发生特大爆炸事故，爆炸引起大火，1h 后着火区又发生第二次强烈爆炸，事故造成 15 人死亡，200 人受伤，其中重伤 25 人，直接经济损失 2.5 亿元。

事故原因：

该危险化学品仓库是由干杂仓库违章改造而成，仓库内危险化学品存放严重违章是事故发生的主要原因，干杂仓库 4 号仓内混存的氧化剂与还原剂接触是事故的直接原因。

第二节　典型危险化学品事故

一、化验室事故

1. 化验室色谱仪爆炸事故

2010 年 9 月 5 日 10 时，某化工厂化验室班长张某让当班人员黄某对一色谱仪进行开机，黄某将色谱仪通入载气氢气后，打开主机开关，在打开加热控制器开关 2min 后，仪器发生爆炸，致使仪器前门飞出打在 2m 外的实验台上，严重变形；幸好黄某打开加热开关后，转到仪器侧面检查柱尾气，未造成人员伤害。

事故原因：

技术员维修色谱仪未告知相关人员私自将一色谱柱卸走，操作工在开机前未按规程要求操作，对色谱柱箱内所有连接处未进行试漏，导致大量氢气泄漏到色谱柱箱内。柱箱内空气与氢气混合达到爆炸极限，当开启箱内加热丝开关时，使加热丝加热烧红，产生明火，引起爆炸。

2. 原子吸收分光光度计爆炸事故

1993 年 8 月，某化验室新进一台 3200 型原子吸收分光光度计，该仪器在分析人员调试过程中发生爆炸，爆炸产生的冲击波将窗户内层玻璃全部震碎，仪器上的盖崩起 2m 多高后崩离 3m 多远，3 人受伤。一块长约 0.5cm 的玻璃射入 1 人眼内，住进医院治；另外 2 人轻伤。

事故原因：

仪器内部用聚乙烯管连接燃气乙炔，但接头处漏气，分析人员在使用前没有进行认真检查。

3. 化验室浓硫酸当氨水烧杯炸裂灼伤事故案例

2008 年 3 月 19 日上午 08：55，某生产技术科中心化验室副组长 A 在溶液室配制氨性氯化亚铜溶液时，在量取 200mL 氯化亚铜溶液倒入 500mL 平底烧瓶中后，需加入 400mL 的氨水。A 从溶液室临时摆放柜里拿了两个 500mL 的，自认为是氨水试剂（每瓶约 200mL，其中一瓶实际为 98％的浓硫酸，浓硫酸瓶和氨水瓶的颜色相似），将第一瓶试剂倒入一只 500mL 烧瓶中，烧杯中溶液立即发生剧烈反应，烧杯被炸裂，溶液溅到 A 脸上和手上，而此时化验员 B 刚好经过，脸上也被喷出的溶液粘上，造成两人脸部及手部局部化学灼伤。

事故原因：

化验试剂管理不严格，没有实行定置管理，也没有查看标签的习惯。化验室副组长 A 在配制溶液过程中，没有仔细查看试剂瓶标签的情况下，错把 98％浓硫酸当作是氨水。在配制有刺激性试剂时，没有按照规定在通风橱中操作。操作危险化学品时，未按规定佩戴防护用品。

4. 浓硫酸配制事故

2001 年 10 月，某化验室在配制硫酸过程中，直接用量筒配制硫酸，量筒因灼热爆裂，硫酸喷溅，但为造成人员伤害。

事故原因：

因浓硫酸与水反应快速放热，量筒容积小，无法搅拌放热，导致量筒爆裂。

二、 酸碱事故

1. 江西某化工公司 "1·24" 硫酸泄漏事故

2017 年 1 月 24 日，江西某化工公司在新进原料发烟硫酸卸入储罐过程中发生中毒事故，造成 2 人死亡、49 人入院治疗（其中重症 8 人），直接经济损失约 740 万元。

事故原因：

该公司从江西省另一家化工公司（原供应商因停工检修无法供货，事发前该公司选定了新供应商）采购了 3 车 105％发烟硫酸，但其中一车实际硫酸浓度仅为 77％，且其中含有四氯化碳、三氯甲烷等卤代烃。卸车过程中，高低浓度硫酸混合放热导致物料温度升高，发烟硫酸在一定温度条件下，可能与四氯化碳、三氯甲烷发生反应产生光气，致使在现场参与应急处置的人员中毒，其中 2 人经抢救无效死亡。事故详细原因还在进一步调查中。

2. 建平县某公司 "3·1" 硫酸泄漏事故

2013 年 3 月 1 日，在朝阳市建平县现代生态科技园区内一家公司 2 号硫酸储罐发生爆裂，并将 1 号储罐下部连接管法兰砸断，导致两罐约 2.6 万 t 硫酸全部溢流，造成 7 人死亡，2 人受伤，直接经济损失 1210 万元。

事故原因：

储罐内的浓硫酸被局部稀释使罐内产生氢气，与空气形成爆照性混合物，当混合气体通过放空管和罐周围密封不严处外溢时，遇到焊接明火引起回火爆炸，导致罐体爆裂。

3. 九江某新材料公司废酸储罐作业爆炸事故

2013 年 11 月 6 日，位于九江某新材料公司因一废酸储罐发生泄漏，计划在另一储罐（即事故储罐）上安装废酸循环管，以便将此罐物料导出后进行维修。17：00 时左右，施工单位施工人员在打开事故储罐顶部预留孔的盲板时发生爆炸，储罐顶盖被炸飞至 50m 外，在罐顶作业的 3 名人员从高处坠落，经抢救无效死亡。

事故原因：

事故储罐的储存介质为浓硫酸和氢氟酸，罐内废酸与罐壁（碳钢）发生反应生成的氢气在储罐上部空间长期聚集，与空气形成爆炸性混合气体，在打开预留孔盲板的过程中，因金属撞击产生火花引发爆炸。

4. 山东省某公司硫酸泄漏事故

2005年10月15日，山东某公司发生硫酸储罐破裂事故，造成6名职工死亡，13人受轻伤。

事故原因：

该公司在无设计和施工资质、不具备设计和施工能力的情况下，自行设计、制造硫酸储罐。施工中不按照规范施工，随意变更设计，粗制滥造，不执行检查、检验和验收规范，造成壁板结构形式不合理。一个1750m³硫酸储罐在使用过程中突然发生上下贯穿性破裂，罐内2800多吨硫酸泄漏，导致事故的发生。

5. 九江某化工企业硫酸储罐检修发生闪爆事故

2月10日08：50分左右，上海某贸易公司租赁九江某化工公司（已停产5年）储罐区一废弃储罐，因检修违规动火作业发生一起闪爆事故，共造成两人死亡，其中一人淹溺死亡；一人高处坠落重伤，经送医院抢救无效死亡。

事故原因：

分析认为，长期闲置废弃储罐与罐内废酸发生反应生成的氢气在储罐上部空间长期聚集，与空气形成爆炸性混合气体，动火火花引发爆炸。

三、 氢气事故

1. 江苏省盐城市某化肥厂"2·27"氢气爆炸事故

2001年2月27日，江苏省盐城市某化肥厂合成车间管道突然破裂，随即氢气大量泄漏。厂领导立即命令操作工关闭主阀、附阀，全厂紧急停车。大约5min后，正当大家在紧张讨论如何处理事故时，突然发生爆炸，在面积千余平方米的爆炸中心区，合成车间近10m高的厂房被炸成一片废墟，附近厂房数百扇窗户上的玻璃全部震碎，爆炸致使合成车间内当场死亡3人，另有2人因伤势过重抢救无效死亡，26人受伤。

事故原因：

管道破裂后氢气大量泄漏，与空气形成爆炸性混合气体，达到爆炸极限，遇点火源发生爆炸。点火源可能是泄漏气体摩擦静电或人体静电。

2. 北京某热电公司"3·13"汽轮发电机组爆燃事故

2015年3月13日，位于北京市的北京某热电公司2号汽轮发电机组突然发生爆炸燃烧，火势迅速蔓延，并产生大量浓烟。事故未造成人员伤亡，共造成直接经济损失988.46万元。

事故原因：

叶轮轮缘断裂与叶片脱落123kg，机组轴系发生剧烈振动，导致轴和轴瓦严重磨损、轴封和氢气密封系统失效，润滑油和氢气发生大量泄漏，与励磁系统火花接触后发生爆炸和燃烧。

3. 荆门某电厂氢气爆炸事故

1984年6月28日，荆州某电厂发生氢气爆炸事故，造成2人死亡，1人受伤。1984年6月25日，荆州某电厂5号机组因主油泵推力瓦磨损被迫停机检修，需要明火作业，发电机退氢。6月27日，在检修人员对5号发电机内部接线套管是否流胶进行检查，并清擦发电机内部渗油时，感觉在发电机内发闷，因未找到轴流风机通风，改用普通家用台式电风扇通风。6月28日，当检修人员将电风扇放入发电机人孔门内并开停几次寻找合适位置时，发生氢气爆炸。

事故原因：

在发电机检修时，制氢站到发电机内部的氢气管道未采取彻底的隔离措施，而该管道两道阀门均不严密，氢气漏到发电机内，达到爆炸极限。家用台式电风扇不防爆，启停时产生火花引爆。

4. 某电厂4号机定子冷却水管道系统动火发生氢气爆炸

因定子冷却水出水管路放水管有砂眼，1月21日上午办理一级动火工作票准备补焊。检查定子冷却水箱顶部及定子冷却水管现场氢气浓度表均为0%（此表量程为2%，超1%报警），打开定子冷却水箱顶部排空阀，消防人员、运行人员分别测氢合格，相关人员签字。10：00开始作业，当点焊时发生爆鸣，未造成人身伤害。

事故原因：

检修前发电机内氢气全部置换，但没有对定子冷却水箱进行置换，检修时水箱内残留氢气串到定子冷却水出水管道内，在局部形成少量爆炸性混合物，浓度达到爆炸极限，在电焊过程中产生爆燃。

四、 液氨事故

1. 河南周口市某化工公司"8·31"火灾事故

2005年8月31日上午，位于河南省周口市某化工公司厂区内，一辆罐车在充装液氨时，发生泄漏并着火。事故共造成3人死亡，9人中毒。

事故原因：

罐车软管破裂造成液氨泄漏，并因静电火花起火。

2. 邯郸市某化工公司"11·28"中毒窒息事故

2015年11月28日，邯郸市某化工公司2号液氨储罐备用液氨进料口由于盲板螺栓断裂，发生液氨泄漏事故，造成3人死亡、8人受伤，直接经济损失约390万元。

事故原因：

2号液氨储罐备用液氨接口固定盲板所用不锈钢六角螺栓不符合设计要求，且其中2条螺栓陈旧性断裂造成事故发生。

3. 上海翁牌冷藏实业有限公司"8·31"重大氨泄漏事故

2013年8月31日，上海翁牌冷藏实业有限公司发生氨泄漏事故，造成15人死亡，7人重伤，18人轻伤。

事故原因：

作业人员严重违规采用热氨融霜方式，导致发生液锤现象，压力瞬间升高，致使存有严重焊接缺陷的单冻机回气集管管帽脱落，造成氨泄漏。

4. 湖北省随州市某化工公司"3·17"氨气泄漏事故

2008年3月16日下午，维修人员在对氨回收系统进行常规检修时，更换了2号贮罐驰放气管道连接法兰的石棉垫片；3月17日凌晨，氨回收和驰放气系统相继投入使用；投用半小时后约04：00，2号贮罐驰放气管道连接法兰处发生氨气泄漏。3名操作人员未佩戴任何防护用具，就试图关闭驰放气控制阀，因现场氨气浓度太大，未能成功。事故造成约

2m³氨气泄漏，3人因呼吸道不适送往医院观察治疗。

事故原因：

更换驰放气管道连接法兰的石棉垫片时，未按要求对角把紧法兰螺栓，造成石棉垫片受力不均，密封不严；投用前未对驰放气管道系统进行压力和气密性试验。

5. 聊城市某化肥公司"7·8"液氨泄漏事故

2002年7月8日凌晨，一辆车号为鲁P-015XX的20t液氨罐车，在某化肥公司液氨库区灌装场地进行液氨灌装，到凌晨2点左右灌装基本结束时，押运员在关闭灌装阀门过程中，液氨连接导管突然破裂，大量液氯泄漏。驾驶员吩咐押运员立即关闭灌装区西侧约64m处的紧急切断阀，自己迅速赶到罐车尾部，一边对罐车的紧急切断装置采取关闭措施（后经鉴定该装置失灵），一边与厂值班人员联系并电话报警。事故共泄漏液氨约20.1t，造成15人死亡（其中当时死亡13人，后经抢教无效死亡2人），重度中毒22人，直接经济损失约72万元。

事故原因：

液相连接导管突然破裂是造成事故的直接原因，液氨罐车上的紧急切断装置失灵是事故扩大的主要原因。

6. 江苏某化肥厂"7·21"爆炸事故

1990年7月21日，江苏某化肥厂在更换浓氨水储槽顶盖时发生爆炸，造成作业的3人死亡。

事故原因：

浓氨水储槽与下部的稀氨水储槽为上下连体，中间用钢板隔开，更换顶盖时，仅对浓氨水储槽进行隔离置换，系统并未停车，下部稀氨水储槽仍在运行。稀氨水储槽呼吸口未遮盖，在呼吸口敞开的条件下，形成爆炸性气体，焊接火花下落引爆稀氨水储槽。

五、 油区事故

1. 某炼油厂原油输转站"6·29"爆燃事故

2010年6月29日，某炼油厂原油输转站1个3万m³的原油罐在清罐作业过程中，发生可燃气体爆燃事故，致使罐内作业人员3人死亡，7人受伤，造成直接经济损失150万元。

事故原因：

现场清罐作业时产生的油气与空气混合，形成了爆炸性气体环境，遇到非防爆照明灯具出现闪灭打火，或铁质清罐工具作业时撞击罐底产生的火花，导致发生爆燃事故。

2. 某炼油厂"5·9"闪爆事故

2010年5月9日，某炼油厂2号联合罐区按照调度安排，1613号罐（重整原料罐，5000m³，内浮顶罐结构，直径21m，高度16.5m，储存介质为石脑油）开始收3号蒸馏装置生产的石脑油。10：00左右，在继续收油的同时，开始自1615号罐向1613号罐转油，此时液位为5.09m，到11：20，1613号罐（此时温度为27℃）发生闪爆，罐顶撕开，并起火燃烧。事故未造成人员伤亡。

事故原因：

由于硫化亚铁发生自燃，引起浮盘与罐顶之间油气与空气混合物发生爆炸。

3. 南京某炼油厂"10·21"爆炸事故分析

1993年10月21日下午，南京某炼油厂油品分厂半成品车间无铅汽油罐区310号罐在循环调和时，罐浮顶被顶破，汽油大量外冒，气化、扩散、流淌后，突然爆炸燃烧。事故造成现场2人死亡（其中1名是农民工），直接经济损失38.96万元。

事故原因：

当日15∶00左右，白班操作人员进行310罐加剂后用泵循环操作时，本应打开循环线上该罐的出口阀，但却错误地将循环线上311罐出口阀打开，造成311罐抽出的油进入310罐之后，在计算机连续报警的情况下，始终没有引起操作人员的重视。交接班没有发现在事故状态下运行，接班后事故状态延续，导致310罐冒罐外溢，汽油蒸汽在罐区及罐区范围之外大面积扩散。18∶15左右，驶入爆燃区域的手扶拖拉机的尾气排气火花点燃了大面积扩散的汽油蒸汽与空气混合物。

4. 北京某化工厂"6·27"特别重大事故分析

1997年6月27日晚，北京某化工厂发生火灾爆炸事故，死亡9人，伤39人，20余个1000～10 000m³ 的装有多种化工物料的球罐被毁，直接经济损失1.17亿元。

事故原因：

在从铁路罐车经油泵往储罐卸轻柴油时，由于操作工开错阀门，使轻柴油进入了满载的石脑油A罐，导致石脑油从罐顶气窗大量溢出（约637m³），溢出的石脑油及其油气在扩散过程中遇到明火，产生第一次爆炸和燃烧，继而引起罐区内乙烯罐等其他罐的爆炸和燃烧。

5. 河南洛阳某公司"7·14"中毒事故

2007年7月14日，河南洛阳某公司员工在清理储罐底部残渣时，发生中毒事故，造成3人死亡，1人重伤。

事故原因：

作业人员违反操作规程，未对罐内气体进行分析检测，未采取安全措施，直接进入罐内作业。救援人员在未采取任何安全防护措施的情况下，盲目施救，导致事故扩大。

六、 天然气事故

北京某燃气热电公司"6·6"天然气爆燃事故

2012年6月6日，北京市某燃气热电公司厂区内启动锅炉房附属建筑增压站MCC控制间内发生燃气爆燃事故，造成2人死亡、1人重伤。

事故原因：

该燃气热电公司发电部运行丙值巡检员黄某违章操作，在实施管线燃气置换作业后，未按要求关闭一次阀（截止阀）、二次阀（手动球阀），恰巧防止天然气逆流的止回阀损坏失灵，致使天然气逆流至氮气管线系统，在氮气瓶间放散，通过墙体裂缝扩散至增压站电机控制中心（Motor Control Center，MCC）控制间，遇配电柜处点火源发生爆燃。

七、 检修事故

1. 杭州某污水处理厂硫化氢中毒事故

2007年2月6日，在杭州市萧山区围垦区域，作业人员在拆卸某污水处理厂西北角围墙外 6 号检查井管道阀门的过程中，发生一起硫化氢气体中毒死亡事故，导致 3 人死亡、1 人轻度中毒，造成直接经济损失 73 万元。

事故原因：

大量高浓度硫化氢气体突然从阀门接缝处涌出，加之作业人员佩戴的劳动防护用品不适合作业环境要求，从而导致作业人员因吸入高浓度硫化氢气体而中毒死亡。

2. 珠海某纸业公司烟囱防腐工程闪燃事故

2017 年 3 月 4 日，武汉某电力科技公司承接的珠海某纸业公司 120m 砼砖砌烟囱防腐工程（以下简称烟囱防腐工程）施工过程中，发生一起闪燃引发高坠事故，造成 6 人死亡，直接经济损失 1437.96 万元。

事故原因：

在烟囱防腐工程施工过程中，高处作业吊篮内放置有较多的玻璃鳞片胶泥、固化剂、促进剂、天那水等易燃液体，且施工中采用了非防爆型电气设备。易燃液体挥发物与空气混合形成局部可燃环境，遇电气火花发生闪燃，引发吊篮内的可燃物质及烟囱内壁防腐涂层的燃烧。烟囱内火焰灼烧，吊篮钢丝绳强度降低，发生断裂，致使吊篮坠落。

3. 大连某石油化工公司中毒窒息事故

2017 年 11 月 18 日，大连某石油化工公司发生中毒窒息事故，造成 3 人死亡，6 人受伤，直接经济损失 368 万元。

事故原因：

大连某石油化工公司的承包商河南鄢陵京顺石化机械设备有限公司在清洗 E7001C、E7001D 两台换热器作业中，使用含盐酸的清洗剂，并将清洗剂直接倒在含有硫化亚铁和二硫化亚铁污垢的管束上，反应释放出硫化氢气体，导致 9 名作业人员中毒。

4. 黑龙江省大庆市某电厂水处理工段水罐爆炸事故

2006 年 7 月 25 日，黑龙江省大庆市某电厂水处理工段水罐发生爆炸，事故造成 3 人死亡，4 人受伤。

事故原因：

由于罐内有残存的可燃气体，工人在实施焊接作业时，产生的火花引起气体爆炸。

八、气瓶事故

1. 江苏一气瓶公司乙炔气瓶爆炸事故

2017 年江苏一气瓶公司发生乙炔气瓶爆炸，引燃近百个气瓶。

事故原因：

由于乙炔气瓶未直立放置导致的爆炸事故。

2. 印度某公司氧气瓶搬运时爆炸事故

2018 年印度某公司在氧气瓶卸车搬运时发生气瓶爆炸，工人被炸飞到 200m 外。

事故原因：

搬运工人站在货车车尾接过同事传下来的氧气瓶，突然发生致命失误，工人没有接好气瓶结果直接撞击地面，当场爆炸。

3. 广东惠州新圩一乙炔厂爆炸事故

2019 年 11 月 28 日傍晚，广东惠州新圩一乙炔厂发生爆炸。

事故原因：

充装车间充装槽上的乙炔瓶充气管突然着火引发。

九、其他事故

1. 陕西省某污水处理厂发生中毒窒息事故

2019 年 10 月 11 日，陕西省某污水处理厂发生中毒窒息事故，造成 6 人死亡。

事故原因：

该公司停工期间，由于当时连阴雨，污水处理厂工人在查看絮凝混合池时，不慎坠入池中。工友发现险情后寻求隔壁厂区看厂的 5 名工人进行施救，在施救过程中，5 人先后坠入池中中毒窒息。

2. 广元市某村沼气中毒事故

3 月 31 日上午，广元市某村发生一起沼气中毒事故，事故造成 3 人死亡、1 人受伤。4 名村民在清理沼气池时，第一个人下到沼气池进行清理，下去一段时间没有上来，第 2 个人下去查看，随后救出第 1 个人，过后第 3 个和第 4 个人先后下去施救，附近村民发现情况后就拨打了 119 报警电话。

事故原因：

进入沼气池无安全措施是事故发生的原因，盲目施救导致事故扩大。

3. 莆田市荔城区某民房火灾事故

11 月 17 日上午，莆田市荔城区一民房发生火灾，事故造成 4 人死亡。

事故原因：

火灾系瓶装液化气爆燃引起。

4. 天津市某公司硝化车间爆炸事故

2006 年 8 月 7 日，位于天津市津南区成水沽镇鑫达工业园内的天津市某公司硝化车间发生爆炸事故，导致 10 人死亡（其中 1 名重伤，12 天后死亡）、3 人重伤。

事故原因：

5 号硝化反应釜在滴加浓硫酸过程中速度控制不当，釜内局部化学反应热量迅速积聚，未及时冷却，引发爆炸。5 号反应釜爆炸的冲击力及爆炸碎片引起 4、6、3 号反应釜相继爆炸，造成人员伤亡。

5. 皖北某药业公司三光气泄漏事故

2011 年 1 月 6 日，皖北某药业公司实验车间发生三光气泄漏事故，部分工人吸入气体后，陆续发生不良反应，企业迅速对有不良反应的人员急送附近 3 家医院就诊，初期阶段医院对中毒人员采用输液解毒方法予以救治。至 1 月 8 日中午，共有 75 名职工住院接受治疗，其中重症病人 25 人，死亡 1 人。

事故原因：

固体三光气采用回收套用的氯仿溶解，氯仿中含有少量二甲基甲酰胺，少量的有机杂质促使三光气分解；同时由于溶解釜和 4 号氯化釜的排空管串联，当 4 号氯化釜放空时，带有 DMF（二甲基甲酰胺）的混合气体窜入溶解釜。在空气压送时，加速三光气的分解，溶解釜压力迅速升高，导致泄漏事故的发生。

6. 云南某电化有限公司"9·17"氯气泄漏事故

2008年9月17日，云南某电化有限公司在液氯钢瓶充装过程中发生氯气泄漏事故。泄漏的液氯气化并扩散，造成充装作业的操作工和下风向其他岗位的6名操作工，以及正在该企业的二期建设项目施工的64名施工人员不同程度中毒。

事故原因：

液氯充装站操作工将液氯钢瓶充满、关闭液氯充装阀后，没有及时调节液氯充装总管回流阀，充装总管短时压力迅速升高，造成充装系统压力表根部阀门上部法兰的垫片出现泄漏。

7. 广东某发电公司"5·30"化学清洗外包人员疑似气体中毒事件

2020年5月30日，广东某发电公司在用氨基磺酸对11号机组凝结器水室管束进行化学清洗作业过程中发生3名承包单位施工作业人员吸入不明气体后疑似中毒事件。

事故原因：

初步认为项目承包单位在施工作业过程中造成有毒有害气体（液体）排至凝汽器负3m空间，作业人员进入负3m空间时吸入不明气体后疑似中毒（确切原因有待进一步调查）。

附录A 电力企业常见危险化学品识别清单

序号	品名	别名	CAS号	目录中排序	用途
1	氨	液氨、氨气	7664－41－7	2	烟气脱硝
2	氨基磺酸		5329－14－6	25	锅炉清洗等
3	氨溶液(含氨＞10%)	氨水	1336－21－6	35	铜的测定：双环己酮草酸二腙分光光度法
4	纯苯			49	运行油开口杯老化测定法
5	苯酚	酚、石炭	108－95－2	60	水质、挥发酚的测定、4－氨基安替比林分光光度法
6	2－丙醇	异丙醇	67－63－0	111	油中颗粒污染度测量方法
7	丙酮	二甲基酮	67－64－1	137	水质、氟化物的测定、氟试剂分光光度法
8	次氯酸钠溶液(含有效氯＞5)			166	水质、氨氮的测定、水杨酸分光光度法
9	氮(压缩的或液化的)		7727－37－9	172	载气、保护气
10	二碘化汞	碘化汞、碘化高汞、红色碘化汞		328	氨的测定、纳氏试剂分光光度法
11	二氧化碳(压缩的或液化的)	碳酸酐	124－38－9	642	灭火器
12	氢氧化钾			667	运行油开口杯老化测定法
13	二异丙胺		108－18－9	706	锅炉用水和冷却水分析方法、钠的测定、静态法
14	氟化钾			751	氧化镁的测定
15	高锰酸钾	过锰酸钾、灰锰		813	化学耗氧量的测定、高锰酸钾法
16	铬酸钾		7789－00－6	819	残余氯的测定
17	过二硫酸铵	高硫酸铵、过硫酸铵	7727－54－0	851	全铁的测定：磺基水杨酸分光光度法
18	过氧化氢溶液(含量＞8%)		7722－84－1	903	抗燃油中氯含量测定方法、氧弹法
19	甲醛溶液	福尔马林溶液	50－00－0	1173	氨的测定：容量法
20	酒石酸锑钾			1227	火力发电厂循环水用阻垢缓蚀剂
21	硫酸			1302	亚铁的测定：林菲啰啉分光光度法

序号	品名	别名	CAS号	目录中排序	用途
22	硫酸汞	硫酸高汞		1314	水质、化学需氧量的测定、重铬酸盐法
23	六氟化硫		2551 - 62 - 4	1341	电气开关
24	六亚甲基四胺	六甲撑四胺、乌洛托品	100 - 97 - 0	1375	铝的测定、邻苯二酚紫分光光度法
25	氯化钡			1457	硫酸盐测定、分光光度法
26	氯化汞	氯化高汞、二氯化汞、升汞		1464	重铬酸钾法、聚合铁的测定
27	硼酸			1609	锅炉水、冷却水全硅测定（氢氟酸转化分光光度法）
28	偏钒酸铵		7803 - 55 - 6	1614	磷酸盐的测定、磷钒钼黄分光光度法
29	汽油			1630	润滑油空气释放值的测定
30	氢			1648	载气、氢冷
31	氢氟酸			1650	锅炉水、冷却水全硅测定（氢氟酸转化分光光度法）
32	氢氧化钠			1669	水质、挥发酚的测定、4 - 氨基安替比林分光光度法
33	三氯化铝（无水）及三氯化铝溶液	氯化铝	7446 - 70 - 0	1842	锅炉用水和冷却水中全硅测定、氢氟酸转化分光光度法
34	三氯化铁	氯化铁	7705 - 08 - 0	1850	氧的测定、靛蓝二磺酸钠葡萄糖比色法
35	三氯甲烷			1852	水质、挥发酚的测定、4 - 氨基安替比林分光光度法
36	石油醚	石油精	8032 - 32 - 4	1965	运行油开口杯老化测定法
37	水合肼（含肼≤64%）	水合联氨		2012	除氧
38	四氯化碳			2052	清洗
39	天然气（富含甲烷的）	沼气	8006 - 14 - 2	2123	燃气轮机、餐厅
40	硝酸		7697 - 37 - 2	2285	铜的测定、双环己酮草酸二腙分光光度法
41	硝酸汞	硝酸高汞	10045 - 94 - 0	2298	抗燃油中氯含量测定方法、氧弹法
42	硝酸钾		7757 - 79 - 1	2303	锅炉用水和冷却水中氯离子测定、电极法
43	硝酸镧		10099 - 59 - 9	2304	水质、氟化物的测定、氟试剂分光光度法

序号	品名	别名	CAS 号	目录中排序	用途
44	硝酸铜		10031-43-9	2330	锅炉用水和冷却水分析方法、氯化物的测定、摩尔法
45	硝酸银		7761-88-8	2340	锅炉用水和冷却水分析方法、氯化物的测定、摩尔法
46	亚硫酸氢钠	酸式亚硫酸钠	7631-90-5	2455	锅炉用水和冷却水中全硅测定、氢氟酸转化分光光度法
47	亚砷酸钠	偏亚砷酸钠	7784-46-5	2462	残余氯的测定
48	氩(压缩的或液化的)		7440-37-1	2505	氩弧焊
49	盐酸	氢氯酸	7647-01-0	2507	锅炉用水和冷却水中全硅测定、氢氟酸转化分光光度法
50	氧(压缩的或液化的)		7782-44-7	2528	气焊、气割
51	液化石油气	石油气(液化的)	68746-85-7	2548	食堂
52	乙醇(无水)	无水酒精	64-17-5	2568	氨的测定、纳氏试剂分光光度法
53	乙醚	二乙基醚	60-29-7	2625	挥发酚的测定、4-氨基安替比林分光光度法
54	乙炔	电石气	74-86-2	2629	气焊、气割
55	乙酸	醋酸、醋酸溶液	64-19-7	2630	锅炉用水和冷却水中氯离子测定、电极法
56	正庚烷	庚烷	142-82-5	2782	运行油开口杯老化测定法、油泥析出测定法
57	正磷酸	磷酸	7664-38-2	2790	水质、挥发酚的测定、4-氨基安替比林分光光度法
58	重铬酸钾	红矾钾	7778-50-9	2817	氨测定、间接法
59	含易燃溶剂的合成树脂、油漆、辅助材料、涂料等制品(闭杯闪点≤60℃)	《危险化学品目录(2015版)实施指南(试行)》中,列出了88小项。包括乙醇溶液(按体积含量乙醇大于24%),涂料用稀释剂、碘酒、氯丁橡胶等		2828	防腐

附录 B 《易制爆危险化学品名录》（2017 版）

序号	品名	别名	CAS 号	主要的燃爆危险性分类
1. 酸类				
1.1	硝酸		7697 - 37 - 2	氧化性液体，类别 3
1.2	发烟硝酸		52583 - 42 - 3	氧化性液体，类别 1
1.3	高氯酸（浓度＞72%）	过氯酸	7601 - 90 - 3	氧化性液体，类别 1
	高氯酸（浓度为 50%～72%）			氧化性液体，类别 1
	高氯酸（浓度≤50%）			氧化性液体，类别 2
2. 硝酸盐类				
2.1	硝酸钠		7631 - 99 - 4	氧化性固体，类别 3
2.2	硝酸钾		7757 - 79 - 1	氧化性固体，类别 3
2.3	硝酸铯		7789 - 18 - 6	氧化性固体，类别 3
2.4	硝酸镁		10377 - 60 - 3	氧化性固体，类别 3
2.5	硝酸钙		10124 - 37 - 5	氧化性固体，类别 3
2.6	硝酸锶		10042 - 76 - 9	氧化性固体，类别 3
2.7	硝酸钡		10022 - 31 - 8	氧化性固体，类别 2
2.8	硝酸镍	二硝酸镍	13138 - 45 - 9	氧化性固体，类别 2
2.9	硝酸银		7761 - 88 - 8	氧化性固体，类别 2
2.10	硝酸锌		7779 - 88 - 6	氧化性固体，类别 2
2.11	硝酸铅		10099 - 74 - 8	氧化性固体，类别 2
3. 氯酸盐类				
3.1	氯酸钠		7775 - 09 - 9	氧化性固体，类别 1
	氯酸钠溶液			氧化性液体，类别 3*
3.2	氯酸钾		3811 - 04 - 9	氧化性固体，类别 1
	氯酸钾溶液			氧化性液体，类别 3*
3.3	氯酸铵		10192 - 29 - 7	爆炸物，不稳定爆炸物
4. 高氯酸盐类				
4.1	高氯酸锂	过氯酸锂	7791 - 03 - 9	氧化性固体，类别 2
4.2	高氯酸钠	过氯酸钠	7601 80 0	氧化性固体，类别 1
4.3	高氯酸钾	过氯酸钾	7778 - 74 - 7	氧化性固体，类别 1
4.4	高氯酸铵	过氯酸铵	7790 - 98 - 9	爆炸物，1.1 项 氧化性固体，类别 1
5. 重铬酸盐类				
5.1	重铬酸锂		13843 - 81 - 7	氧化性固体，类别 2
5.2	重铬酸钠	红矾钠	10588 - 01 - 9	氧化性固体，类别 2

序号	品名	别名	CAS 号	主要的燃爆危险性分类
5.3	重铬酸钾	红矾钾	7778 - 50 - 9	氧化性固体，类别 2
5.4	重铬酸铵	红矾铵	7789 - 09 - 5	氧化性固体，类别 2*
6. 过氧化物和超氧化物类				
6.1	过氧化氢溶液（含量大于 8%）	双氧水	7722 - 84 - 1	（1）含量≥60%，氧化性液体，类别 1 （2）20%≤含量＜60%，氧化性液体，类别 2 （3）8%＜含量＜20%，氧化性液体，类别 3
6.2	过氧化锂	二氧化锂	12031 - 80 - 0	氧化性固体，类别 2
6.3	过氧化钠	双氧化钠、二氧化钠	1313 - 60 - 6	氧化性固体，类别 1
6.4	过氧化钾	二氧化钾	17014 - 71 - 0	氧化性固体，类别 1
6.5	过氧化镁	二氧化镁	1335 - 26 - 8	氧化性液体，类别 2
6.6	过氧化钙	二氧化钙	1305 - 79 - 9	氧化性固体，类别 2
6.7	过氧化锶	二氧化锶	1314 - 18 - 7	氧化性固体，类别 2
6.8	过氧化钡	二氧化钡	1304 - 29 - 6	氧化性固体，类别 2
6.9	过氧化锌	二氧化锌	1314 - 22 - 3	氧化性固体，类别 2
6.10	过氧化脲	过氧化氢尿素、过氧化氢脲	124 - 43 - 6	氧化性固体，类别 3
6.11	过乙酸（含量小于或等于 16%，含水大于或等于 39%，含乙酸大于或等于 15%，含过氧化氢小于或等于 24%，含有稳定剂）	过醋酸、过氧乙酸、乙酰过氧化氢	79 - 21 - 0	有机过氧化物 F 型
	过乙酸（含量小于或等于 43%，含水大于或等于 5%，含乙酸大于或等于 35%，含过氧化氢小于或等于 6%，含有稳定剂）			易燃液体，类别 3 有机过氧化物，D 型
6.12	过氧化二异丙苯（52%＜含量≤100%）	二枯基过氧化物；硫化剂 DCP	80 - 43 - 3	有机过氧化物，F 型
6.13	过氧化氢苯甲酰	过苯甲酸	93 - 59 - 4	有机过氧化物，C 型
6.14	超氧化钠		12034 - 12 - 7	氧化性固体，类别 1
6.15	超氧化钾		12030 - 88 - 5	氧化性固体，类别 1
7. 易燃物还原剂类				
7.1	锂	金属锂	7439 - 93 - 2	遇水放出易燃气体的物质和混合物，类别 1
7.2	钠	金属钠	7440 - 23 - 5	遇水放出易燃气体的物质和混合物，类别 1

序号	品名	别名	CAS 号	主要的燃爆危险性分类
7.3	钾	金属钾	7440 - 09 - 7	遇水放出易燃气体的物质和混合物，类别 1
7.4	镁		7439 - 95 - 4	（1）粉末：自热物质和混合物，类别 1。 遇水放出易燃气体的物质和混合物，类别 2 （2）丸状、旋屑或带状：易燃固体，类别 2
7.5	镁铝粉	镁铝合金粉		遇水放出易燃气体的物质和混合物，类别 2 自热物质和混合物，类别 1
7.6	铝粉		7429 - 90 - 5	（1）有涂层：易燃固体，类别 1。 （2）无涂层：遇水放出易燃气体的物质和混合物，类别 2
7.7	硅铝、硅铝粉		57485 - 31 - 1	遇水放出易燃气体的物质和混合物，类别 3
7.8	硫磺	硫	7704 - 34 - 9	易燃固体，类别 2
7.9	锌尘		7440 - 66 - 6	自热物质和混合物，类别 1；遇水放出易燃气体的物质和混合物，类别 1
	锌粉			自热物质和混合物，类别 1；遇水放出易燃气体的物质和混合物，类别 1
	锌灰			遇水放出易燃气体的物质和混合物，类别 3
7.10	金属锆		7440 - 67 - 7	易燃固体，类别 2
	金属锆粉	锆粉		自燃固体，类别 1；遇水放出易燃气体的物质和混合物，类别 1
7.11	六亚甲基四胺	六甲撑四胺、乌洛托品	100 - 97 - 0	易燃固体，类别 2
7.12	1，2 - 乙二胺	1，2 - 二氨基乙烷；乙撑二胺	107 - 15 - 3	易燃液体，类别 3
7.13	一甲胺（无水）	氨基甲烷、甲胺	74 - 89 - 5	易燃气体，类别 1
	一甲胺溶液	氨基甲烷溶液；甲胺溶液		易燃液体，类别 1
7.14	硼氢化锂	氢硼化锂	16949 - 15 - 8	遇水放出易燃气体的物质和混合物，类别 1

序号	品名	别名	CAS 号	主要的燃爆危险性分类
7.15	硼氢化钠	氢硼化钠	16940 - 66 - 2	遇水放出易燃气体的物质和混合物，类别 1
7.16	硼氢化钾	氢硼化钾	13762 - 51 - 1	遇水放出易燃气体的物质和混合物，类别 1
8. 硝基化合物类				
8.1	硝基甲烷		75 - 52 - 5	易燃液体，类别 3
8.2	硝基乙烷		79 - 24 - 3	易燃液体，类别 3
8.3	2，4 - 二硝基甲苯		121 - 14 - 2	
8.4	2，6 - 二硝基甲苯		606 - 20 - 2	
8.5	1，5 - 二硝基萘		605 - 71 - 0	易燃固体，类别 1
8.6	1，8 - 二硝基萘		602 - 38 - 0	易燃固体，类别 1
8.7	二硝基苯酚 （干的或含水小于 15%） 二硝基苯酚溶液		25550 - 58 - 7	爆炸物，1.1 项
8.8	2，4 - 二硝基苯酚 （含水大于或等于 15%）	1 - 羟基 - 2、 4 - 二硝基苯	51 - 28 - 5	易燃固体，类别 1
8.9	2，5 - 二硝基苯酚 （含水大于或等于 15%）		329 - 71 - 5	易燃固体，类别 1
8.10	2，6 - 二硝基苯酚 （含水大于或等于 15%）		573 - 56 - 8	易燃固体，类别 1
8.11	2，4 - 二硝基苯酚钠		1011 - 73 - 0	爆炸物，1.3 项
9. 其他				
9.1	硝化纤维素 〔干的或含水（或乙醇）小于 25%〕			爆炸物，1.1 项
	硝化纤维素 （含氮小于或等于 12.6%， 含乙醇大于或等于 25%）			易燃固体，类别 1
	硝化纤维素 （含氮小于或等于 12.6%）	硝化棉	9004 - 70 - 0	易燃固体，类别 1
	硝化纤维素 （含水大于或等于 25%）			易燃固体，类别 1
	硝化纤维素 （含乙醇大于或等于 25%）			爆炸物，1.3 项
	硝化纤维素 （未改型的或增塑的， 含增塑剂小于 18%）			爆炸物，1.1 项
	硝化纤维素溶液 （含氮量小于或等于 12.6%， 含硝化纤维素小于或等于 55%）	硝化棉溶液		易燃液体，类别 2

序号	品名	别名	CAS 号	主要的燃爆危险性分类
9.2	4，6-二硝基-2-氨基苯酚钠	苦氨酸钠	831-52-7	爆炸物，1.3 项
9.3	高锰酸钾	过锰酸钾、灰锰氧	7722-64-7	氧化性固体，类别 2
9.4	高锰酸钠	过锰酸钠	10101-50-5	氧化性固体，类别 2
9.5	硝酸胍	硝酸亚氨脲	506-93-4	氧化性固体，类别 3
9.6	水合肼	水合联氨	10217-52-4	
9.7	2，2-双（羟甲基）、1，3-丙二醇	季戊四醇、四羟甲基甲烷	115-77-5	

注 1. 各栏目的含义：

序号：《易制爆危险化学品名录》（2017 年版）中化学品的顺序号。

品名：根据《化学命名原则》（1980）确定的名称。

别名：除"品名"以外的其他名称，包括通用名、俗名等。

CAS 号：Chemical Abstract Service 的缩写，是美国化学文摘社对化学品的唯一登记号，是检索化学物质有关信息资料最常用的编号。

主要的燃爆危险性分类：根据 GB 30000《化学品分类和标签规范》（所有部分），对某种化学品燃烧爆炸危险性进行的分类。

2. 除列明的条目外，无机盐类同时包括无水和含有结晶水的化合物。

3. 混合物之外无含量说明的条目是指该条目的工业产品或者纯度高于工业产品的化学品。

* 指在有充分依据的条件下，该化学品可以采用更严格的类别。

附录 C 某发电企业需要取得危险化学品培训合格证岗位清单（部分）及培训要求

姓名	岗位	可能接触的危险化学品种类	可能接触危险化学品的作业	是否需要取证
赵某	库房主管	乙炔、硼酸、硫酸、盐酸、氨水、无水乙醇	危化品库房日常管理	√
钱某	库房保管员	乙炔、硼酸、硫酸、盐酸、氨水、无水乙醇	危化品库房日常管理	√
孙某	制样班班长	无	无	
李某	化验班化验员	无	无	
周某	化验班班长	无	无	
吴某	化验班化验员	液氨	现场取样	√
郑某	煤质采样班班长	无	无	
王某	煤质监督兼采样员	无	无	
冯某	继保班班长	无	无	
陈某	继保班副班长	无	无	
褚某	继保检修工	无	无	
魏某	热工一班班长	无	无	
蒋某	热工一班副班长	无	无	
沈某	热工一班专责工	无	无	
韩某	热工一班检修工	无	无	
杨某	热工二班班长	无	无	
朱某	热工二班副班长	无	无	
秦某	热工二班专责工	无	无	
尤某	热工二班检修工	无	无	
许某	热工三班副班长	液氨、氢气、硫酸、盐酸、氢氧化钠	液氨储罐区、制氢站、化学水处理车间检修作业	√
何某	热工三班专责工	液氨、氢气、硫酸、盐酸、氢氧化钠	液氨储罐区、制氢站、化学水处理车间检修作业。CEMS仪表校验	√
吕某	热工检修工	液氨、氢气、硫酸、盐酸、氢氧化钠	液氨储罐区、制氢站、化学水处理车间检修作业。CEMS仪表校验	√
施某	锅炉专责工	氨气	脱销SCR检修作业	√
张某	锅炉检修工	氨气	脱销SCR检修作业、维护部需要叉车司机、起重设备操作、高压焊工、起重指挥等作业	√

姓名	岗位	可能接触的危险化学品种类	可能接触危险化学品的作业	是否需要取证
孔某	汽轮机专责工	无	无	
曹某	汽轮机检修工	无	维护部需要叉车司机、起重设备操作、高压焊工、起重指挥等作业	√
严某	电气专责工	液氨、氢气、硫酸、盐酸、氢氧化钠	液氨储罐区、制氢站、化学水处理车间检修作业	√
华某	电气检修工	液氨、氢气、硫酸、盐酸、氢氧化钠	液氨储罐区、制氢站、化学水处理车间检修作业，维护部需要叉车司机、起重设备操作、高压焊工、起重指挥等作业	√
金某	值长	液氨、氢气、硫酸、盐酸、氢氧化钠	运行操作	√
魏某	机组长	氨气、氢气	运行操作	√
陶某	集控运行主值	氨气、氢气	运行操作	√
姜某	集控运行副值	氨气、氢气	运行操作	√
戚某	辅控运行主值	液氨、氢气、硫酸、盐酸、氢氧化钠	运行操作	√
谢某	辅控运行副值	液氨、氢气、硫酸、盐酸、氢氧化钠	运行操作	√
邹某	辅控运行副值（化学炉内及精处理、脱硫、脱硝）	二异丙胺、液氨	锅水化验和运行操作	√
喻某	辅控运行副值	液氨、氢气	运行操作	√
柏某	辅控运行巡操（除灰）	无	无	
水某	辅控运行巡操（制水）	硫酸、盐酸、氢氧化钠	运行操作	√
窦某	辅控运行巡操（精处理）	硫酸、盐酸、氢氧化钠	运行操作	√
章某	辅控运行巡操（氢站）	氢气	运行操作	√
云某	化验班班长	氨水、苯酚、碘酸钾等	化学试验	√
苏某	化验班化验员	氨水、苯酚、碘酸钾等	化学试验	√
潘某	辅控见习	液氨、氢气、硫酸、盐酸、氢氧化钠	运行操作	√
葛某				

注　以上是某企业分析结果。使用者可以结合本单位岗位设置及工作分工实际进行分析。比如，热工人员如负责氨区、油站、氢站调试、维护工作，可能接触危险化学品，需要进行安全培训。只负责汽轮机仪表几乎不接触危险化学品，可以不培训取证。

电力企业要明确培训考试的具体要求，一般：

一、培训时间

初始培训不少于8学时。其中，厂级培训4学时，部门（车间）级培训2学时，班组级培训 2 学时。有液氨罐区的厂级培训增加 2 学时。每年进行不少于 4 学时的部门级再培训。

危险化学品培训时间单独计算，不计入普通三级安全教育。

二、 培训内容

（1）厂级培训重点是相关规章制度，有关事故案例。

（2）部门（车间）级培训重点是所接触危险化学品"一书一签"，危险化学品工作环境及危害因素，可能遭受的危险化学品伤害，所从事工种的安全职责、操作技能及强制性标准，自救互救、急救方法、疏散和现场紧急情况的处理，安全设备设施、个人防护用品的使用和维护，本部门安全生产状况及规章制度，预防事故和职业危害的措施及应注意的安全事项，有关事故案例等。

（3）班组级培训重点是岗位操作规程、岗位安全操作规程，岗位之间工作衔接配合的安全与职业卫生事项，有关事故案例等。

厂级培训和部门级培训必须有 PPT 课件，并存档。

三、 培训师资

（1）厂级培训师资要具备以下条件之一：

1）危险化学品相关岗位从业 5 年以上。

2）危险化学品相关岗位中级职称。

3）注册安全工程师。

4）注册消防安全工程师。

（2）部门（车间）级培训由部门负责人或专兼职安全员授课。

（3）班组级培训由班长或专兼职安全员授课。

四、 考试

初始培训考试内容涵盖法律法规、管理制度、技术规范、危险化学品性质危害、应急逃生等内容。再培训考试重点是管理制度、技术规范、危险化学品性质危害、应急逃生等。

考试形式为笔试、闭卷。试卷存档。

附录 D　常用化学品储存禁忌配存表

危险化学品的种类和名称		配存顺号	1	2	3	4	5	6	7	8	9	10	11	12	13	14	15	16
爆炸品	点火器材	1	1																
	起爆器材	2	×	2															
	炸药及爆炸性药品（不同品名的不得在同一库内配存）	3	×	×	3														
	其他爆炸品	4	△	×	×	4													
氧化剂	有机氧化剂	5	×	×	×	×	5												
	亚硝酸盐、亚氯酸盐、次亚氯酸盐	6	△	△	△	△	×	6											
	其他无机氧化剂	7	△	△	△	△	×	×	7										
	剧毒（液氯和液氨不能在一库内配存）	8	×	×	×	×	×	×	×	8									
压缩气体和液化气体	易燃	9	△	△	△	△	△	△	△	△	9								
	助燃（氧及氧空钢瓶不得与油脂在同一库内配存）	10	△	×	×	△					△	10							
	不燃	11	×	×	×	×					△		11						
自然物品	一级	12	△	×	×	×	×	△	△	×	△	×	×	12					
	二级	13	×	×	△	△	△	△	△	×	△	△	△	△	13				
	遇水燃烧物品（不得与含水液体货物在同一库内配存）	14	×	×	×	×	×	×	×	×	△	△		×	×	14			
	易燃液体	15	△	×	×	△	△	△	△	×	△	×		×	×	△	15		
	易燃固体（H 发孔剂不可与酸性腐蚀物品及有毒和易燃脂类危险货物配存）	16	×	×	×	△	△	△	△	×	△	×		×	×	×	×	16	

危险化学品

续表

危险化学品的种类和名称			配存顺号	17	18	19	20	21	22	23	24
危险化学品	毒害品		氧化物	17							
			其他毒害品	18	△						
	腐蚀物品	酸性腐蚀物品	溴	19	×	△					
			过氧化氢	20	×	×	△				
			硝酸、发烟硝酸、硫酸、发烟硫酸、氯磺酸	21	×	×	×	(1)			
			其他酸性腐蚀物品	22	×	△	△	△	△		
		碱性及其他腐蚀物品	生石灰、漂白粉	23	×	×	×	△	×	△	
			其他（无水肼、水合肼、氨水不得与氧化剂配存）	24	×	×	×	×	△	×	×

注：
1. 无配存符号表示可配存；
2. △表示符号表示可配存，堆放时至少间隔 2m；
3. ×表示不可配存；
4. 有注释时按注释规定办理：
(1) 除硝酸盐（如硝酸钠、硝酸钾、硝酸铵等）与硝酸、发烟硝酸可以配存外，其他情况均不得配存；
(2) 无机氧化剂不得与松软的粉状可燃物（如煤粉、焦粉、糖、炭墨、淀粉、锯末等）配存。

附录 E　火电企业氨区安全风险隐患排查表

序号	排查内容
	一、安全基础管理隐患排查
	（一）安全生产责任制、安全管理制度的健全和落实
1	制定包含以下内容的管理制度： 　　各级领导氨区管理责任，液氨相关岗位取证人员范围，液氨岗位隐患排查责任、频次、内容，隐患治理及验收，氨区事故应急预案，氨区定期风险评估（氨区重大危险源评估），液氨罐区防火、防爆、防中毒，氨区动火、有限空间、盲板抽堵作业等危险作业，液氨劳动防护用品管理，氨区安全操作规程，氨区检修安全规程等
2	明确主要负责人为氨区重大危险源源长，明确源长责任
3	明确液氨采购、运输、使用、处置等各环节安全生产责任，并有明确的考核标准
4	各级领导按照相关制度要求定期到氨区检查安全工作
	（二）安全培训教育管理
1	企业要明确需要进行培训的危险化学品相关岗位范围。对液氨相关岗位从业人员进行安全生产教育和培训，考核合格后持证上岗
2	企业主要负责人和相关安全生产管理人员应接受危险化学品（液氨）安全知识培训
3	企业应对外来参观等人员进行有关安全规定及安全注意事项的培训教育
	（三）风险评价与隐患控制
1	企业应建立识别和获取适用的液氨相关安全生产法律法规、标准及其他要求的管理制度，明确责任部门，确定获取渠道、方式和时机，及时识别和获取，并定期进行更新
2	企业应将适用的液氨相关安全生产法律、法规、标准及其他要求融入企业管理制度，并及时传达给相关方
3	企业应依据风险评价准则，选定合适的评价方法，定期和及时对氨区作业活动和设备设施进行危险、有害因素识别和风险评价。同时，在发生以下情况时进行识别和评价： （1）新的或变更的法律法规或其他要求； （2）操作条件变化或工艺改变； （3）技术改造项目； （4）有对事件、事故或其他信息的新认识
4	应明确不同岗位人员氨区隐患排查形式、频次、内容、组织与参与人员
5	应明确氨区重大隐患标准或清单
6	建立氨区隐患排查档案。包括风险识别记录、评估报告、隐患清单、治理情况等
7	无法及时消除的事故隐患，应制定防止事故发生的措施和应对事故的应急预案，重大事故隐患应书面向上级单位、当地政府相关部门报告
	（四）异动管理
1	建立异动管理制度，规定异动申请、审批、实施、验收等程序并执行
2	异动前后应组织风险辨识，并采取培训、修订图纸规程、向相关人员公告等措施
3	建立异动档案

序号	排查内容
	（五）承包商管理
1	企业应制定包括承包商资格预审、选择、开工前准备、作业过程监督、表现评价、续用等过程管理的制度，并严格执行
2	企业应与选用的承包商签订安全协议书，氨区作业的承包商，要具备危险化学品从业经验或能力
3	企业应对承包商的作业人员进行入厂安全培训教育，经考核合格发放入厂证。进入作业现场前，所在车间或班组要组织现场安全交底
4	企业应对氨区施工项目承包商的安全作业规程、施工方案和应急预案进行审查
5	企业应对氨区承包商作业进行全程安全监督
	（六）作业管理
1	在氨区动火作业、进入受限空间作业、临时用电作业、高处作业、吊装作业、设备检修作业和抽堵盲板作业等危险性作业实施作业许可管理，严格履行审批手续
2	在氨区作业前进行危险、有害因素识别，制定控制措施。在作业现场配备相应的安全防护用品（具）及消防设施与器材，规范现场人员作业行为
3	氨区作业人员在进行作业活动时，应持相应的作业许可证
4	氨区作业活动监护人员应具备基本救护技能和作业现场的应急处理能力，持相应作业许可证进行监护作业，作业过程中不得离开监护岗位
	二、设计安全风险隐患排查表
	（一）设计管理
1	应委托具备国家规定资质等级的设计单位承担建设项目工程设计。构成危险化学品重大危险源的，其设计单位资质应为工程设计综合资质或相应工程设计化工石化医药、石油天然气（海洋石油）行业、专业甲级资质
2	在规划设计工厂的选址、设备布置时，应按照 GB/T 37243《危险化学品生产装置和储存设施》要求开展外部安全防护距离评估核算；外部安全防护距离应满足根据 GB 36894《危险化学品生产装置和储存设施风险基准》确定的个人风险基准的要求
3	企业应在建设项目基础设计阶段组织开展危险与可操作性（HAZOP）分析，形成分析报告
	（二）总图布置
1	企业应对在役装置按照相关要求开展外部安全防护距离评估
2	企业内部设施之间防火间距应符合相关规范要求
3	氨区应集中布置在厂区全年最小频率风向的上风侧，按功能划分为液氨储罐区、蒸发区、卸料区
4	氨区内各建（构）筑物与相邻设施的防火间距，以及氨区与明火、燃爆区域的安全距离应满足 GB 50160《石油化工企业设计防火规范》的相关要求
5	一个火力发电厂内液氨储罐应集中布置，并尽量控制液氨储罐的数量。当液氨储罐数大于 3 个时，应分组布置，储罐组之间相邻两个储罐的外壁间距应不小于 26m，否则应增设高至遮阳棚顶的防火隔墙
6	氨区与下列场所防火安全间距应符合规范要求： （1）控制室。 （2）变配电室。 （3）点火源。 （4）办公楼。 （5）厂房。 （6）消防站及消防泵房。 （7）危险化学品储存设施。 （8）其他重要设施及场所

序号	排查内容
7	汽车装卸设施应布置在厂区边缘或厂区外，并宜设围墙独立成区
（三）储运系统	
1	防火堤的材质、耐火性能以及伸缩缝配置应满足规范要求；防火堤容积应满足规范要求，并能承受介质的静压力且不渗漏
2	当防火堤容积不能满足"清净下水"的收容要求时，按要求设置事故存液池
3	储罐的防火堤内，应设检（探）测器，并符合下列规定： （1）当检（探）测点位于释放源的全年最小频率风向的上风侧时，可燃气体检（探）测点与释放源的距离不宜大于 15m，有毒气体检（探）测点与释放源的距离不宜大于 2m。 （2）当检（探）测点位于释放源的全年最小频率风向的下风侧时，可燃气体检（探）测点与释放源的距离不宜大于 5m，有毒气体检（探）测点与释放源的距离不宜大于 1m
4	储罐进、出口阀门及管件的压力等级不应低于 2.5MPa，其垫片应采用缠绕式垫片。阀门压盖的密封材料应采用难燃材料
5	液氨储罐组四周应设置高度为 1m 的防火堤，并设置不少于 2 个通往大门及逃生门方向的台阶。液氨储罐外壁至防火堤内侧基脚线的水平距离应不小于 3m
6	液氨蒸发区应设置高度为 0.6m 的围堰。蒸发器采用水浴加热，并设置水温超温、筒内液氨液位超高报警。蒸发器氨气出口管路应设置压力超高报警装置
7	氨区应配备温度、压力、液位、流量等信息的不间断采集和监测系统以及可燃气体和有毒有害气体泄漏检测报警装置，并具备信息远传、记录、安全预警、存储等功能
8	装卸站的进、出口宜分开设置；当进、出口合用时，站内应设回车场
9	汽车装卸车场应采用现浇混凝土地面
10	汽车装卸应有静电接地安全装置
11	流速应符合防静电规范要求；液氨进入储罐前的流速应控制在 1m/s 以内。使用 DN80 进料管的，卸氨流量可按 18m³/h 进行控制，其他管径的进料管应经计算后确定卸氨流量
（四）道路、建构筑物	
1	氨区四周应设有环形消防车道，转弯半径、净空高度应满足规范要求
2	液氨运输道路与生产设施的防火间距应符合规范要求
3	企业的主要出入口不应少于两个，并宜位于不同方位，液氨运输须有单独路线，不与人流及其他货流混行或平交
4	氨区应设置不低于 2.20m 的不燃烧材料实体围墙，并设置两个或以上对角或对向布置的逃生门。氨区大门及逃生门均应采用向外开的阻燃实体门，内侧悬挂"安全通道"标识牌。逃生门应能自动关闭，且不能上锁，可从内部设置门栓，门栓处设置"从此打开"提示牌
5	液氨卸料区应尽可能设置在氨区围墙内，如受场地限制，氨卸料区只能设于氨区围墙外的，应在液氨万向充装系统周围设置保护围栏。液氨万向充装系统周围应设置防撞桩
6	氨区控制室和配电间出入口不得朝向装置区
7	氨区建（构）筑物抗震设计应满足 GB 50223《抗震设防烈度分类标准》、GB 50011《建筑抗震设计规范》、GB 50453《石油化工建（构）筑物抗震设防分类标准》等规范要求

序号	排查内容
8	建（构）筑物防雷（感应雷、直击雷）措施应符合相关规范要求
	（五）安全警示标志
1	在氨区醒目位置设置符合 GB 2894《安全标志及其使用导则》规定的安全标志
2	氨区应设置明显的职业危害告知牌、安全警示标志，注明液氨物理特性、化学特性、危害防护、处置措施、报警电话、禁止火种、禁止开启手机等内容
3	液氨储罐罐体表面色为银（B04），万向充装系统、氨管道表面色为中黄（Y07），色环为大红（R03）
	三、运行安全风险隐患排查表
1	企业应制定操作规程，并明确相关操作指标
2	企业应在作业现场存有最新版本的操作规程文本，以方便现场操作人员随时查用
3	生产过程中严禁出现超温、超压、超液位运行情况，对异常工况处置应符合操作规程要求
4	企业应严格执行联锁管理制度，并符合以下要求： （1）现场联锁装置必须投用、完好； （2）摘除联锁有审批手续，有安全措施； （3）恢复联锁按规定程序进行
5	企业应建立操作记录和交接班管理制度，按规定进行巡回检查，严格执行交接班制度，有操作记录和交接班记录
6	应建立危险化学品装卸管理制度，对作业前、作业中和作业结束后各个环节的安全要求进行明确
7	运输汽车应"三证"（驾驶证、危险品准运证、危险品押运证）齐全
8	企业应建立装卸作业时装卸设施接口连接可靠性确认制度，确保卸车设施连接口不存在磨损、变形、局部缺口、胶圈或垫片老化等缺陷
9	卸车作业应严格遵守安全作业标准、规程和制度，并在监护人员现场指挥和全程监护下进行
10	企业采购危险化学品时，应索取危险化学品安全技术说明书和安全标签
11	液氨卸车操作应严格执行《火电厂烟气脱硝（SCR）系统运行技术规范》中各项规定
12	槽车必须装配有紧急切断阀、干式快速接头。干式快速接头应严格按照使用说明书定期检查、维护、更换
13	槽车进入厂区前，及时通知本厂消防部门。槽车进入厂区应由专人引导，进入氨区前必须安装阻火器，按照规定路线行驶，定置停放。车辆停稳后，应在两个后轮的前后分别放置防溜车止挡装置，驾驶员必须离开驾驶室
14	禁止在卸料区进行检修槽车等与卸料无关的作业
15	企业接卸员必须经过专门培训，熟练掌握液氨的物理和化学特性、防护用品使用方法、应急逃生及救援知识和技能
16	卸料过程中，槽车卸车接口周边 20m 范围内，除押运员和接卸操作员外，严禁其他人员逗留。押运员和接卸操作员不得擅自离开操作岗位
17	卸料前，必须对液氨槽车紧急切断阀做一次动作试验，确保紧急切断阀可靠
18	在装卸液氨时，槽车必须规范接地。装卸工作完毕后，应静置 10min 方可拆除静电接地线
19	卸氨时应时刻注意储罐和槽车的液位变化，严禁储罐超装（超过最大储氨量）和槽车卸空，槽车内应保留 0.05MPa 以上余压，但最高不得超过当时环境温度下介质的饱和压力

序号	排查内容
20	卸车结束后，应使用便携式检测仪对相关管道设备进行检测，待确认周围空气中无残氨后方可启动槽车
21	汽车装卸站台应满足： （1）汽车装卸栈台场地分设出、入口，并设置停车场。 （2）装卸栈台与汽车槽罐静电接地良好。 （3）装送危险品的汽车必须"三证"（驾驶证、危险品准运证、危险品押运证）齐全。 （4）汽车安装阻火器。 （5）槽车定位后必须熄火。卸车完毕，确认管线与接头断开后，方能开车。 （6）消防设施齐全。 （7）劳保着装、工具符合安全要求
22	液氨实瓶不应露天堆放
23	应对液氨中水含量进行监控
四、设备安全风险隐患排查表	
1	氨区严格执行安全设施管理制度，建立安全设施管理台账
2	氨区各种安全设施由专人负责管理，定期检查和维护保养
3	安全设施应编入设备检修/维修计划，定期检修/维修。安全设施不得随意拆除、挪用或弃置不用，因检修/维修拆除的，检修/维修完毕后应立即复原
4	企业应对监视和测量设备进行规范管理，建立监视和测量设备台账，定期进行校准和维护，并保存校准和维护活动的记录
5	对重点检修项目应编制检维修方案，方案内容应包含作业安全分析、风险管控措施、应急处置措施及安全验收标准
6	检维修过程中涉及特殊作业的，应执行 GB 30871《化学品生产企业特殊作业安全规范》要求
7	在液氨、氨气的排放口、采样口等排放部位，应通过加装盲板、丝堵、管帽、双阀等措施，减少泄漏的可能性
8	定期对氨系统密封点进行泄漏检测，对泄漏部位及时进行维修或更换
9	承压部位的连接件螺栓配备应齐全、紧固到位
10	企业应定期对储罐进行全面检查
11	安全阀、压力表等安全附件应定期检验并在有效期内使用
12	在用安全阀进出口切断阀应全开，并采取铅封或锁定
13	压力表的选型应符合相关要求，压力范围及检定标记明显
14	液氨万向充装系统应使用具有防泄漏功能的干式快速接头，否则应在万向充装系统靠近卸车操作阀的位置增设止回阀。液氨储罐液相进口根部阀前应装设止回阀
15	应控制液氨储罐本体开孔数量和孔径，与储罐本体直接相连的液相管径不得大于 DN80
16	与液氨储罐直接连接的法兰、阀门、液位计、仪表等应在储罐顶部及一侧集中布置，且均应处于防火堤内
17	液氨储罐本体的外接管道（含排污管）均应设双阀。罐体侧的为手动隔离阀，应尽量靠近储罐本体；另一个为自动阀，可由保护动作自动关闭
18	液氨系统的管道设计压力不低于 2.16MPa，设计温度不低于 50℃，最低设计温度应根据当地最寒冷月份最低气温平均值确定。与液氨储罐本体连接的第一道阀门、法兰及附件按公称压力 4.0MPa 选用，其他阀门、法兰及附件的公称压力应不小于 2.5MPa

序号	排查内容
19	液氨系统管道、阀门、法兰及附件的选材应符合下表要求

序号	名称	最低设计温度	
		$>-20℃$	$≤-20℃$
1	管道	20 号钢	不锈钢
2	阀门	不锈钢	不锈钢
3	法兰	20 号钢带颈对焊凸面法兰	不锈钢带颈对焊凸面法兰
4	垫片	不锈钢缠绕石墨垫片	不锈钢缠绕石墨垫片
5	连接件	35CrMo 全螺纹螺柱 30CrMoⅡ型六角螺母	35CrMo 全螺纹螺柱 30CrMoⅡ型六角螺母

序号	排查内容
20	氨区废水应输送至电厂废水处理中心，严禁排入雨水系统。宜配置 2 台废水泵，单台出力应不小于 50m³/h
21	液氨储罐基础应设地基变形观测点并定期进行观测
22	氨系统管道焊缝应 100％进行无损检验
23	压力容器及管道，应定期测厚和进行状态分析，有监测记录
24	公用介质管道与氨管道或设备连接时，连续使用的应在公用介质管道上设止回阀，并在其根部设切断阀；间歇使用的应在公用介质管道上设止回阀和一道切断阀或设两道切断阀，并在两切断阀间设检查阀；仅在设备停用时使用的应在公用介质管道设盲板或断开
25	储罐安全阀齐全、完好
26	罐区扶梯牢固，静电消除、接地装置有效，储罐进、出口阀门和人孔无渗漏
27	储罐按相关规范要求设置防腐措施。罐体无严重变形，无渗漏，无严重腐蚀
28	储罐、往复式压缩机、往复泵等容积式泵的出口及系统应设置可靠的安全泄压措施
29	液氨卸料压缩机应采用氨气专用压缩机，压缩机入口前必须设置气液分离器
30	氨压缩机厂房的地面不宜设地坑或地沟，应有防止氨气可积聚的措施

五、电气系统安全风险隐患排查表

序号	排查内容
1	临时用电应经有关主管部门审查批准，并由专人负责管理，限期拆除
2	氨区应使用防爆电气设备，并符合 GB 50058《爆炸危险环境电力装置设计规范》、AQ 3009《危险场所电气防爆安全规范》的要求
3	电气设备的安全性能应满足以下要求： (1) 设备的金属外壳应采取防漏电保护接地； (2) 接地线不得搭接或串接，接线规范、接触可靠； (3) 明设的应沿管道或设备外壳敷设，暗设的在接线处外部应有接地标志； (4) 接地线接线间不得涂漆或加绝缘垫
4	电缆必须有阻燃措施，电缆桥架符合相关设计规范
5	氨区 MCC（主控制台）双路电源应取自电厂不同 PC（Power Control，动力中心）段
6	露天布置的容器，当顶板厚度等于或大于 4mm 时，可不设避雷针保护，但必须设防雷接地
7	液氨储罐应设防雷接地
8	液氨储罐的温度、液位等测量装置，应采用铠装电缆或钢管配线，电缆外皮或配线钢管与罐体应作电气连接

序号	排查内容
9	按照 SH 3097《石油化工静电接地设计规范》在输送液氨的设备、管道安装防静电设施
10	液氨管道在下列部位应设静电接地设施: (1) 进出装置或设施处。 (2) 爆炸危险场所的边界。 (3) 管道泵及泵入口永久过滤器、缓冲器等
11	汽车罐车装卸场所应设防静电专用接地线
12	氨区钢管配线的电气线路应做好隔离密封
13	防雷防静电接地装置的电阻应符合 GB 50074《石油库设计规范》、GB 50057《建筑物防雷设计规范》、GB 50183《石油天然气设计防火规范》等相关规范的要求
14	氨区入口处人体静电导除装置宜采用不锈钢管配空心球型式,地面以上部分高度为 1.0m,底座应与氨区接地网干线可靠连接
15	储罐罐顶平台上取样口(量油口)两侧 1.5m 之外,应各设一组消除人体静电设施,设施应与罐体做电气连接并接地,取样绳索、检尺等工具应与设施连接
16	氨区及氨输送管道所有法兰、阀门的连接处均应设金属跨接线,跨接线宜采用 4×25mm 镀锌扁钢或不小于 ϕ8 的镀锌圆钢
17	液氨罐体扶梯入口处应设置人体静电导除装置
18	液氨卸料区应设置用于槽车接地的端子箱,端子箱应布置在装卸作业区的最小频率风向的下风侧,并配置专用接地线
19	万向充装系统两端均应可靠接地
20	氨区所有电气设备、远传仪表、执行机构、热控盘柜等均应选用相应等级的防爆设备,防爆结构选用隔爆型(Ex-d),防爆等级不低于 IIAT1
21	设计时应对氨区防雷设施保护范围进行核算,附近高大建筑物防雷设施的保护范围不能覆盖氨区时,应对氨区单独设置防雷系统
22	临时电源、手持式电动工具、施工电源、插座回路均应采用 TN-S 供电方式,并采用剩余电流动作保护装置
六、仪表系统安全风险隐患排查表	
1	控制系统建立有事故应急预案
2	氨区自动化控制系统应设置不间断电源,气体检测报警系统应设置不间断电源,后备电池的供电时间不小于 30min
3	仪表气源应设置备用气源。备用气源可采用备用压缩机组、储气罐或第二气源(也可用干燥的氮气)
4	爆炸危险场所的仪表、仪表线路的防爆等级应满足区域的防爆要求
5	保护管与检测元件或现场仪表之间应采取相应的防水措施。防爆场合应采取相应防爆级别的密封措施
6	氨区温度、压力、液位、流量、组分等信息应不间断采集和监测,并具备信息远传、连续记录、事故预警、信息存储等功能;记录的电子数据的保存时间不少于 30 天
7	罐区安全监控装备应符合要求: (1) 摄像头的设置个数和位置应根据罐区现场的实际情况实现全面覆盖。 (2) 摄像头的安装高度应确保可以有效监控到储罐顶部。 (3) 应使用防爆摄像机或采取防爆措施

序号	排查内容
8	罐区储罐高高、低低液位报警信号的液位测量仪表应采用单独的液位连续测量仪表或液位开关，报警信号应传送至自动控制系统
9	可燃气体和有毒气体检测报警器的设置与报警设定值的设置应满足 GB 50493《石油化工可燃气体和有毒气体检测报警设计规范》要求，完好无故障
10	可燃气体和有毒气体检测报警系统应独立于基本过程控制系统
11	可燃、有毒气体检测报警信号应发送至有操作人员常驻的控制室、现场操作室进行报警，并有报警与处警记录，对报警原因进行分析
12	气体检测器设置应满足 GB 50493《石油化工可燃气体和有毒气体检测报警设计规范》的要求。 排查重点如下： (1) 检测点的设置：应符合 GB 50493—2009《石油化工可燃气体和有毒气体检测报警设计规范》中第 4.1 条~第 4.4 条。 (2) 检（探）测器的安装：应符合 GB 50493—2009 第 6.1 条。 (3) 检（探）测器的选用：应符合 GB 50493—2009 第 5.2 条。 (4) 指示报警设备的选用：应符合 GB 50493—2009 第 5.3.1 条和第 5.3.2 条。 (5) 报警点的设置：应符合 GB 50493—2009 第 5.3.3 条。 (6) 检测报警器的定期检定：检定周期一般不超过一年
13	氨区阀门执行机构应采用故障安全型气动执行机构
14	液氨储罐应设置液位高保护，并单独设置液位高开关，保护动作时能够自动联锁切断进料装置（储罐储存系数不得大于 0.9）
15	液氨储罐应设置超温、超压保护装置，超温设定值不高于 40℃，超压设定值不大于 1.6MPa，保护动作时能够自动联锁启动降温喷淋、切断进料
16	液氨储罐区、蒸发区及卸料区应分别设置氨泄漏检测仪，并定期检验。氨泄漏检测仪报警值为 15mg/m³（20ppm），保护动作值为 30mg/m³（39ppm）
17	可燃气体检测报警器、有毒气体报警器传感器探头完好，无腐蚀、无灰尘；手动试验声光报警正常，故障报警完好
18	SIS 的现场检测元件、执行元件应有联锁标志警示牌，防止误操作引起停车
七、应急安全风险隐患排查表	
1	企业应按照 GB/T 29639《生产经营单位生产安全事故应急预案编制导则》要求编制液氨泄漏等紧急事件的专项应急预案或现场处置方案和现场处置卡
2	液氨泄漏等紧急事件的专项应急预案按照规定报政府有关部门备案；组织专家对应急预案进行评审，应急预案经评审后，由企业主要负责人签署公布
3	液氨泄漏等紧急事件的专项应急预案或现场处置方案应每三年进行一次应急预案评估，对预案内容的针对性和实用性进行分析，并对应急预案是否需要修订作出结论。应根据评估结论及有关规定对应急预案及时进行修订
4	使用液氨的火电企业应建立应急救援组织，建立应急救援队伍，明确各级应急指挥系统和救援队的职责
5	应急救援人员应经过液氨相关知识培训。严禁未经专门培训、未佩戴合格防护用品的人员参与现场抢险
6	应配备必要的应急救援器材、设备，进行经常性维护、保养并记录，保证其处于完好状态。氨区个人防护用品应严格按照集团公司脱硝系统液氨泄漏事件应急预案要求进行配置，在氨区围墙外靠近大门处存放不少于 2 套，并在消防队或集中控制室存放不少于 2 套

序号	排查内容
7	每半年组织一次液氨泄漏事故应急预案演练；每季度对液氨使用、接卸等生产岗位及专责负责人进行一次防毒面具、正压呼吸器、防护服等穿戴的演练
8	防毒面具只能在短时间、轻微泄漏或处置残存氨的情况下使用。当发生大量泄漏时，抢险人员（包括消防队员）必须使用正压式空气呼吸器、隔离式（气密式）防化服。防护用品应遵照产品说明定期更换，确保在有效期内
9	应急人员要掌握氨系统发生泄漏的处理原则： （1）立即查找漏点，快速进行隔离。 （2）严禁带压堵漏和紧固法兰等。 （3）如氨泄漏处产生明火，未切断氨源前，严禁将明火扑灭。 （4）当不能有效隔离且喷淋系统不能有效控制氨向周边扩散时，应立即启用消火栓、消防车加强吸收，并疏散周边人员
10	氨区应配备便携式检测仪，并定期检定
11	氨区应设置火灾自动报警系统和火灾电话报警
12	室内建筑照明和通风设备的开关应设在室外
13	氨区应设置安全喷淋洗眼器，洗眼器的防护半径不宜大于 15m，应能覆盖液氨储罐区、蒸发、卸料区，水源应采用生活水源
14	氨区的喷淋洗眼器处应设明显的标识，每周放水冲洗管路，并做好防冻措施
15	氨区应设计视频监视系统，监视摄像头应不少于 3 个，应能覆盖氨区储罐区、蒸发、卸料区域
16	氨区应在就地设置事故语音警报系统，一旦发生紧急情况，运行人员经现场确认后能立即启动事故语音警报系统，并通知应急处置人员，同时通知氨区周边相关人员及时撤离
17	氨区风向标数量不少于 4 个，应在氨区最高处呈对角布置，且处于避雷设施的保护范围内
八、消防系统安全风险隐患排查表	
1	氨区应按照要求设置环形消防车道，消防道路畅通无阻，车道净宽度、净空高度应满足消防救援要求
2	储罐区消防栓供水压力应正常，满足消防要求；设置稳高压消防给水系统的，其管网压力应为 0.7～1.2MPa
3	消防水泵、稳压泵应分别设置备用泵
4	消防水泵的主泵应采用电动泵，备用泵应采用柴油机泵，且应按 100% 备用能力设置，柴油机的油料储备量应能满足机组连续运转 6h 的要求
5	消防栓（炮）是否满足下列要求： （1）消防栓有编号，开启灵活，出水正常，排水良好，出水口扣盖和橡胶垫圈齐全、完好。 （2）消防栓阀门井完好，防冻措施到位。 （3）消防炮完好无损、无泄漏，防冻措施落实；消防炮阀门及转向齿轮灵活，润滑无锈蚀现象
6	消防器材应满足下列要求： （1）消防柜内器材配备齐全，附件完好、无损。 （2）由专人负责定期检查灭火器材，药剂定期更换，有更换记录和有效期标签
7	全压力式及半冷冻式液氨储罐采用的消防设施应符合下列规定： （1）当单罐容积等于或大于 1000m³ 时，应采用固定式水喷雾（水喷淋）系统及移动消防冷却水系统。 （2）当单罐容积大于 100m³，且小于 1000m³ 时，应采用固定式水喷雾（水喷淋）系统和移动式消防冷却系统或固定式水炮和移动式消防冷却系统。 （3）当单罐容积小于或等于 100m³ 时，可采用移动式消防冷却水系统

序号	排查内容
8	氨区水系统的设计必须由工艺、给排水、消防专业共同设计,确保与罐体直接相连的法兰、阀门、液位计及仪表等可能发生泄漏的部位均在消防喷淋覆盖范围内
9	氨区水系统应具备罐体冷却降温、消防灭火、泄漏液氨的稀释吸收等功能
10	每个液氨储罐的冷却喷淋系统应单独设置,水源为工业水,喷淋强度不小于 4.5L/(m^2·min)
11	消防喷淋水应取自高压消防水系统,室外消火栓用水应取自低压消防水系统。 当电厂消防水系统共用一套管路时,消防喷淋系统与室外消火栓用水应分别从全厂消防水母管接入,且其分支母管均应设置为带有隔离阀门分段的环型管路
12	氨区消防喷淋系统应采用水喷淋方式,喷头应采用实心锥型开式喷嘴,严禁采用管道开孔方式。喷淋系统的设计给水强度不小于 9L/(m^2·min),喷淋管为环型布置,液氨储罐区的消防喷淋水流量按罐体表面积计算,卸料区的消防喷淋水流量按槽车罐体表面积与万向充装系统覆盖面积之和计算

| 13 | 在满足消防喷淋强度的基础上,综合考虑氨泄漏后的吸收用水,各液氨储罐组的消防喷淋系统总流量应不小于下表规定: |

液氨储罐公称容积 V(m^3)	$V \leqslant 50$	$50 < V < 120$	$V \geqslant 120$
储罐组消防喷淋水流量(m^3/min)	2	3	4

按消防喷淋给水强度及面积计算的消防喷淋水流量小于表中数值时,可针对液氨储罐顶部、法兰及阀门等泄漏点较为集中的区域增设一套喷淋管道

14	每只室外消火栓应有 2 个 DN65 内扣式接口,并配置消防水带箱,每箱内配 2 支直流/喷雾两用水枪和 4 条 DN65 长度 25m 的水带
15	液氨储罐组围墙外应布置不少于 3 只室外消火栓,消火栓的间距应根据保护范围计算确定,不宜超过 30m
16	液氨储罐轴向未布置蒸发区的一侧,宜在储罐之间的轴向延长线方向的围墙上设置固定式万向水枪。 (1)固定式万向水枪的数量不少于"储罐数+1"。 (2)固定式万向水枪应为直流/喷雾两用,且能上下、左右调节,以覆盖氨区所有可能的泄漏点。 (3)每只固定式万向水枪的给水强度应不小于5L/s。 (4)围墙外应设置高1.4m的固定式万向水枪操作平台
17	寒冷地区的氨区消防系统管道、阀门及消火栓应采取可靠的防冻措施,以保证消防水随时可用
18	氨区消防喷淋系统应每月试喷一次(冬季可根据情况执行)。试喷时采用氨气触发就地氨气泄漏检测器联动、DCS 画面发指令触发两种方式分别进行